최신 메이크업&헤어
일러스트레이션

MAKE UP
HAIR
ILLUSTRATION

저자약력

조여진

- 건국대학교 의류학과 토탈코디네이션전공 박사수료
- 숙명여자대학교 향장미용학과 향장학석사
- 'H'헤어 12개점 총괄대표(1995−2011)

- 現 성신여자대학교 메이크업디자인학과 외래교수
  - 코스웨이(주) 뷰티트렌드 연구소장
  - 뷰티칼럼리스트
  - 뷰티디렉터
  - 아르테티끄 브랜드 기획 · 제품개발 및 헤어&메이크업 연출
  - 연세대학교 글로벌뷰티 AMP 강의 개발
  - Tomorrow India Global Summit 참가

　　현대의 뷰티산업은 점차 다원화되고 세분화되어가는 추세로 학문과 실용을 갖춘 체계적인 방법을 통해 다양한 분야에서 인간의 아름다움과 감성을 표현하고 있다. 이러한 현상은 사회·문화의 변화 속에서 기술로만 인식되던 미용이 예술적인 측면으로의 인식전환과 함께 그 필요성과 중요성이 부각되며 발전했기 때문으로 볼 수 있다. 특히 인체의 아름다움을 시각화하여 창의적인 표현을 해야 하는 뷰티일러스트레이션은 작품의 초반작업으로 완성도를 높이기 위해 활용되고 있으며, 미용의 한 분야로 독립적인 가치를 지니고 있다. 또한 미용(헤어, 피부, 메이크업, 네일 등)분야뿐 아니라 화장품, 영상매체, 인쇄, 출판 등 그 영역과 활동범위는 점차 확대되고 있다.

　　뷰티일러스트레이션은 메이크업과 헤어에 대한 이해와 인체 드로잉, 색채감각, 응용력 및 표현력이 있어야 목적에 맞는 기능적 일러스트레이션을 만들 수 있게 된다. 이 책은 메이크업과 헤어를 중점으로 선과 면에 대한 이해와 드로잉에 대한 능력을 길러 개성과 예술성이 돋보이는 뷰티일러스트레이터가 되기 위한 지침서 역할과 초보자를 위한 가이드북의 역할을 하여 도움을 주고자 하였다.

　　특징적인 것은 2016년 7월부터 실시된 메이크업 국가자격시험의 실기패턴을 수록하여 아직 익숙하지 않은 4과제 유형의 실기이미지를 일러스트레이션을 통해 익힘으로써 수험자에게 도움이 되고자 노력하였다. 더불어 보기만 하는 일러스트레이션 북이 아닌 직접 보고 따라 그리도록 오른쪽 면에 연습노트를 구성한 것과 자유롭게 그릴 수 있고, 드로잉 및 컬러링이 가능하도록 전체 페이지에 드로잉지를 사용하여 그 활용도를 높였다.

　　이를 토대로 작품의 작업 전 디자인의 계획단계를 향상시켜 뷰티디자이너로서의 개념과 위상을 갖게 되는 계기가 되기를 기원한다.

저자 조여진

1

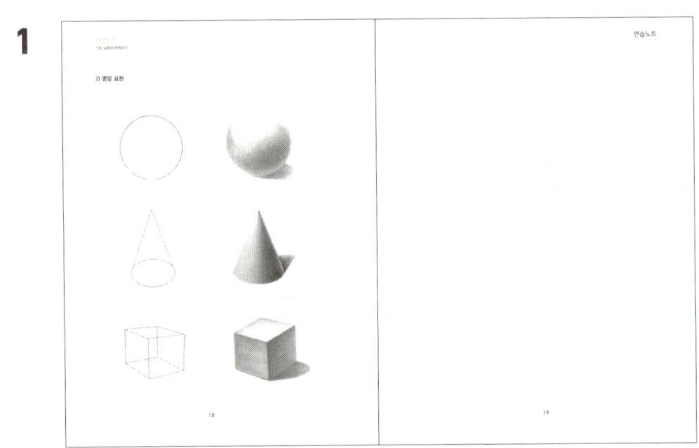

보고!   연습하고!

보기만 하는 일러스트레이션 교재는 이제 그만!
직접 해보는 일러스트레이션으로 얼굴과 헤어 표현 일러스트레이션을 습득하자!

2

보고!   연습하고!

메이크업 실기시험 준비의 기본은 패턴 익히기!
산업인력공단의 패턴을 보고 일러스트레이션을 연습하여 메이크업 실기 국가자격시험 패턴 암기까지 한번에!

3 오른쪽 면의 '연습노트'뿐만 아니라 전체 페이지에 드로잉지를 사용하여 어디든 연습할 수 있는 노트로 활용할 수 있다!

CONTENTS

'기초'란 기본의 되는 토대를 의미합니다.
얼른 멋진 일러스트레이션을 그리고 싶지만, 기초가 되지 않았다면
멋진 일러스트레이션을 그리기는 쉽지 않습니다.
조급한 마음을 이해해 간략하게 정리한 기초 일러스트레이션인 만큼
책의 여백이나 연습지에 충분히 연습할 수 있도록 합니다.

1

기초 일러스트레이션

기초 일러스트레이션

1. 뷰티 일러스트레이션(Beauty illustration)이란?

회화작품의 경우 그림을 그리기 전에 아이디어 스케치를 해봄으로써 작업의 방향을 설계하고 캔버스에 밑그림을 그리게 되는데 이렇게 선을 이용해서 그림을 그리는 것을 드로잉(Drawing)이라고 한다. 조각이나 조소 역시 사전 드로잉을 토대로 전체적인 뼈대를 형성한 후 재료를 붙이거나 조각활동을 통해 조형물을 만들어 낸다. 이렇듯 드로잉은 미술작품을 제작하는데 있어서 여러 가지 중요한 역할을 수행한다.

일러스트레이션은 조명(Illumination)의 의미와 밝게 하다(Make light)의 의미가 합쳐져 보이지 않는 어떤 대상에 빛을 비춤으로써 더욱 분명하게 하다라는 의미를 가지고 있다. 즉 어떠한 내용을 시각적으로 전달하기 위해 감정이나 사상을 시각화 한다는 의미로 사용되는 삽화, 사진, 도안 따위를 말한다. 사물을 그림으로 시각화하여 내용을 효과적으로 전달하고, 전달하고자 하는 내용을 암시 또는 상징화 하는 것이다.

뷰티 일러스트레이션은 뷰티 디자인에 관련된 메이크업 및 헤어, 피부, 네일 등을 디자인하기 위한 계획단계의 그림으로 시각적 이미지 전달을 목적으로 표현한 것이다. 또한 일러스트레이션만으로도 창의적 예술성을 평가할 수 있고 작품의 가치도 지닐 수 있는 뷰티전문가의 필수 과정이다. 따라서 작가가 머릿속으로 구상했던 이미지를 사전에 그려봄으로써 자신감을 통해 숙련된 작업을 할 수 있으며 그만큼 작업의 효율을 높일 수 있다.

오늘날 문화산업이 다양화 되면서 예술은 모든 산업에 침투하고 있으며 신문, 잡지, 라디오, TV, 영화광고 등 현대는 매스커뮤니케이션 시대라고 볼 수 있다. 뷰티산업현장에서 쓰이는 드로잉은 미술작품제작과 마찬가지로 실제 작업의 사전단계로써 인식되어왔지만, 지금은 그 활용범위가 확대됨으로 인해서 뷰티일러스트레이션 자체만으로도 작품으로써 예술성을 인정받게 되었다. 이렇게 뷰티 일러스트레이션은 순수회화의 미술양식으로서, 패션 일러스트레이션과 함께 하나의 장르로 자리매김하고 있으며, 또한 최신 뷰티 트렌드 감각과 창의력으로 메시지를 전달하는 만큼 대중예술의 한 부분으로 중요시 되고 있다.

2. 일러스트레이션 재료

1. 연필

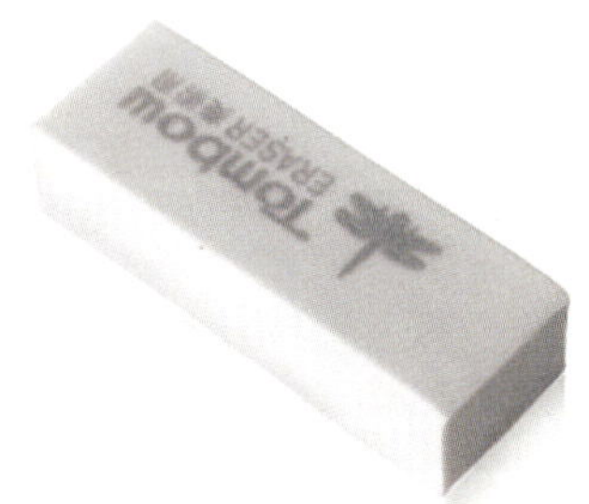

2. 지우개

3. 지우개판

4. 지우개털이

5. 목탄

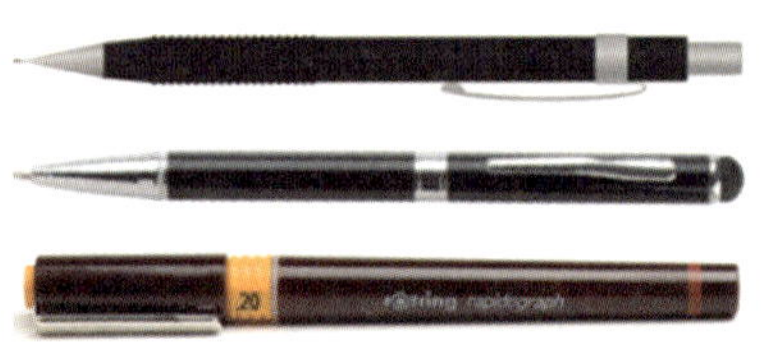

6. 샤프, 펜, 로트링펜

7. 색연필

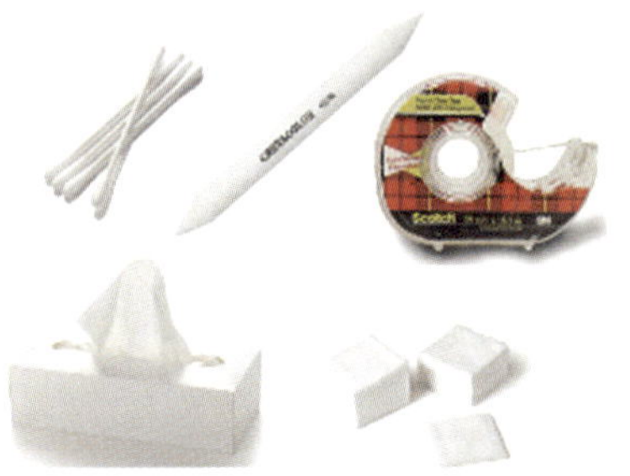

8. 면봉, 찰필, 스카치테이프, 티슈, 솜

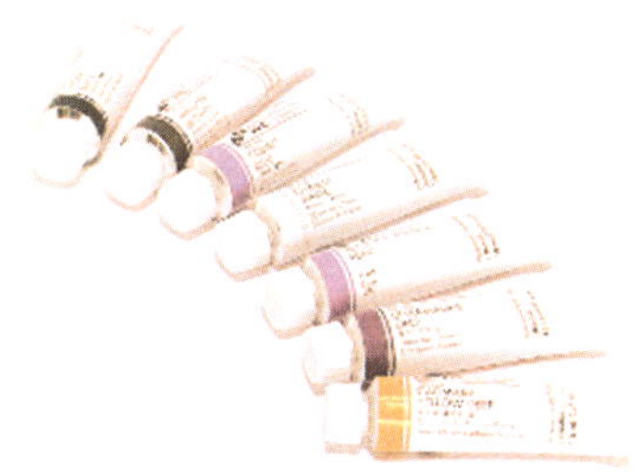

9. 수채화물감

10. 포스터물감

11. 파스텔

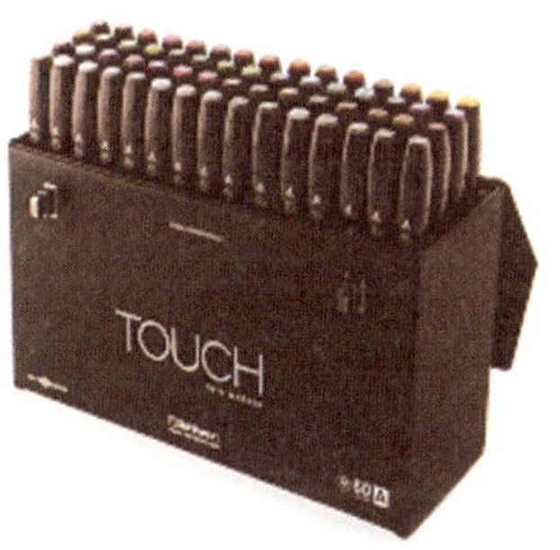

12. 마카

13. 정착액

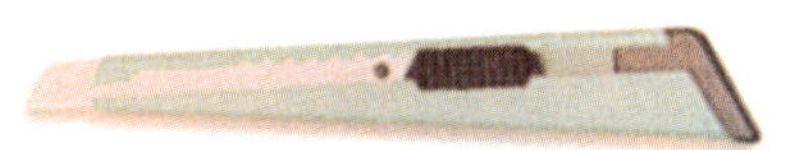

14. 커터 칼

15. 메이크업 제품

3. 선 연습

기초 일러스트레이션

4. 명암 연습

1) Gray Scale : 명도(Value)는 색의 밝고 어두운 정도를 나타내는 것으로 유채색과 무채색에서 모두 나타
난다.

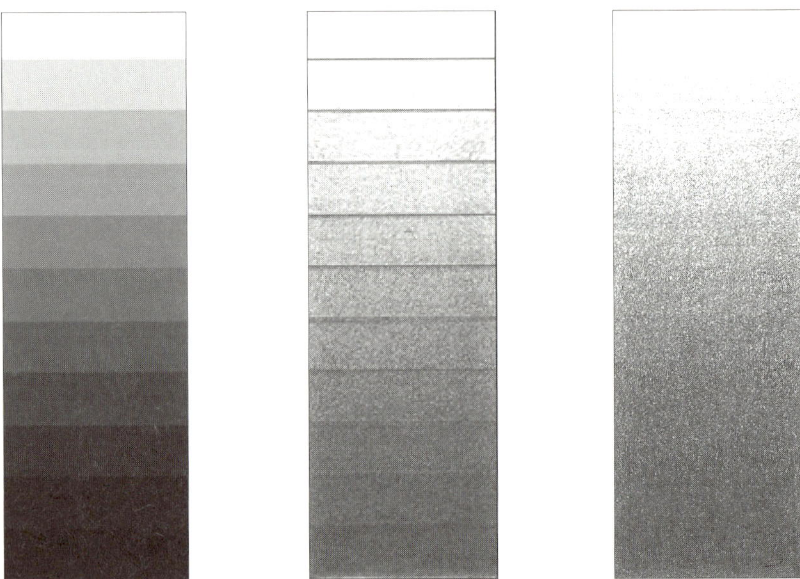

아래 그림과 같이 색지를 찾아 붙이고 Gray Scale을 익힌 뒤 포스터컬러로 재현해보자.

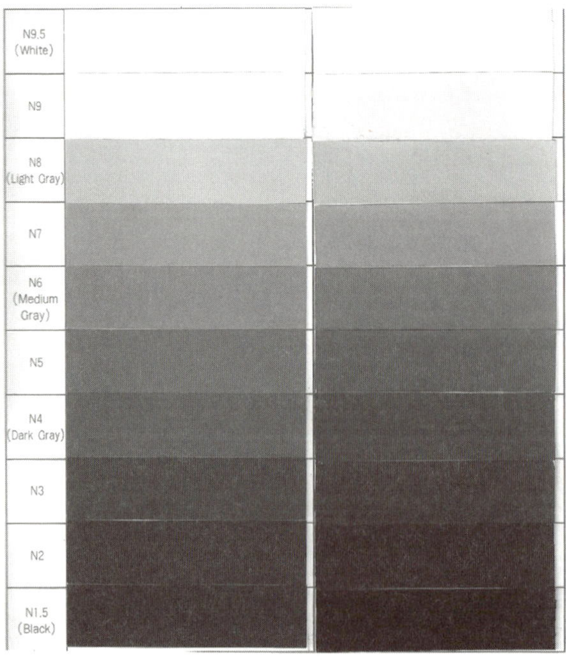

N9.5 (White)	
N9	
N8	
N7	
N6	
N5	
N4	
N3	
N2	
N1.5 (Black)	

KS 표준색표

포스터컬러

2) 명암 표현

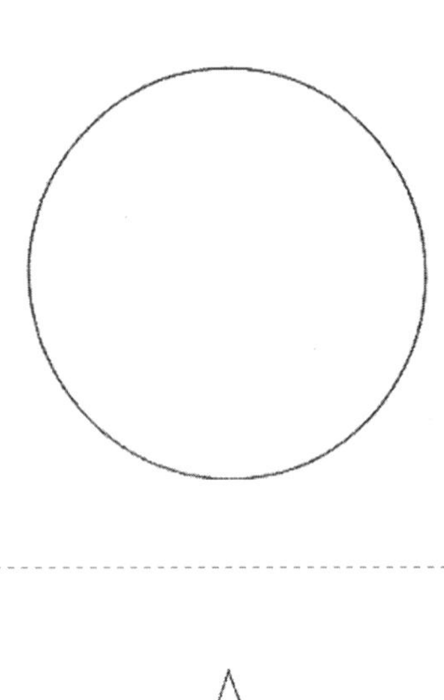

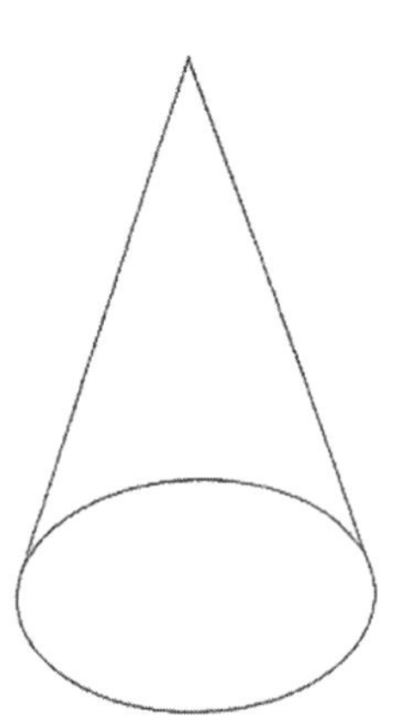
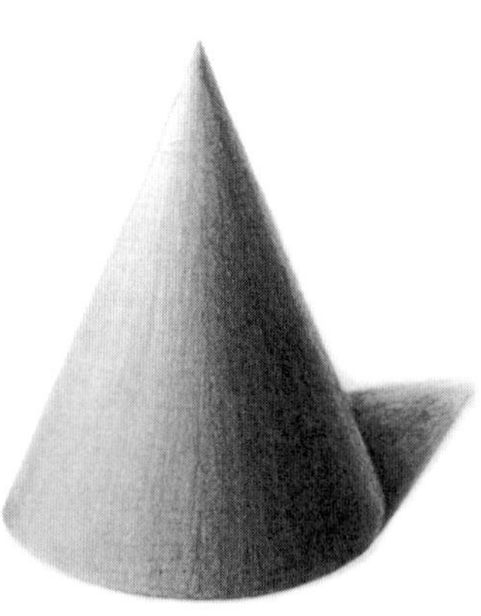

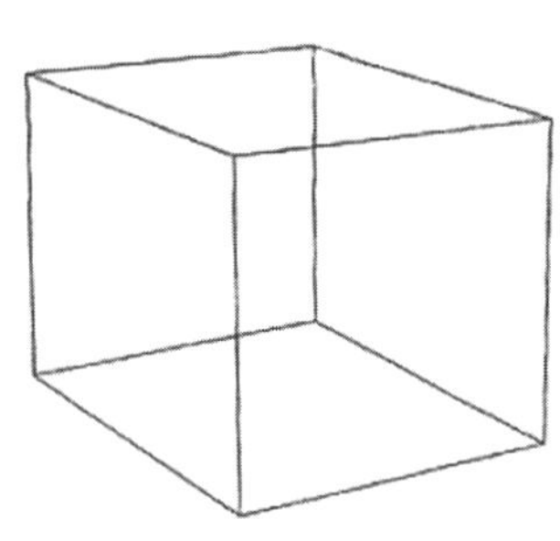

이 장에서는 메이크업 일러스트레이션의 기본이 되는 얼굴의 골격구조
를 이해하고 전면과 측변의 프로포션과 부분 얼굴을 그려보며 얼굴의
전반적인 균형(balance)을 잡는 것이 중요합니다.

이 장에서는 메이크업 일러스트레이션의 기본이 되는 얼굴의 골격구조
를 이해하고 전면과 측변의 프로포션과 부분 얼굴을 그려보며 얼굴의
전반적인 균형(balance)을 잡는 것이 중요합니다.

2

얼굴(Face) 일러스트레이션

PART 2

얼굴 일러스트레이션

1. 얼굴 골격구조

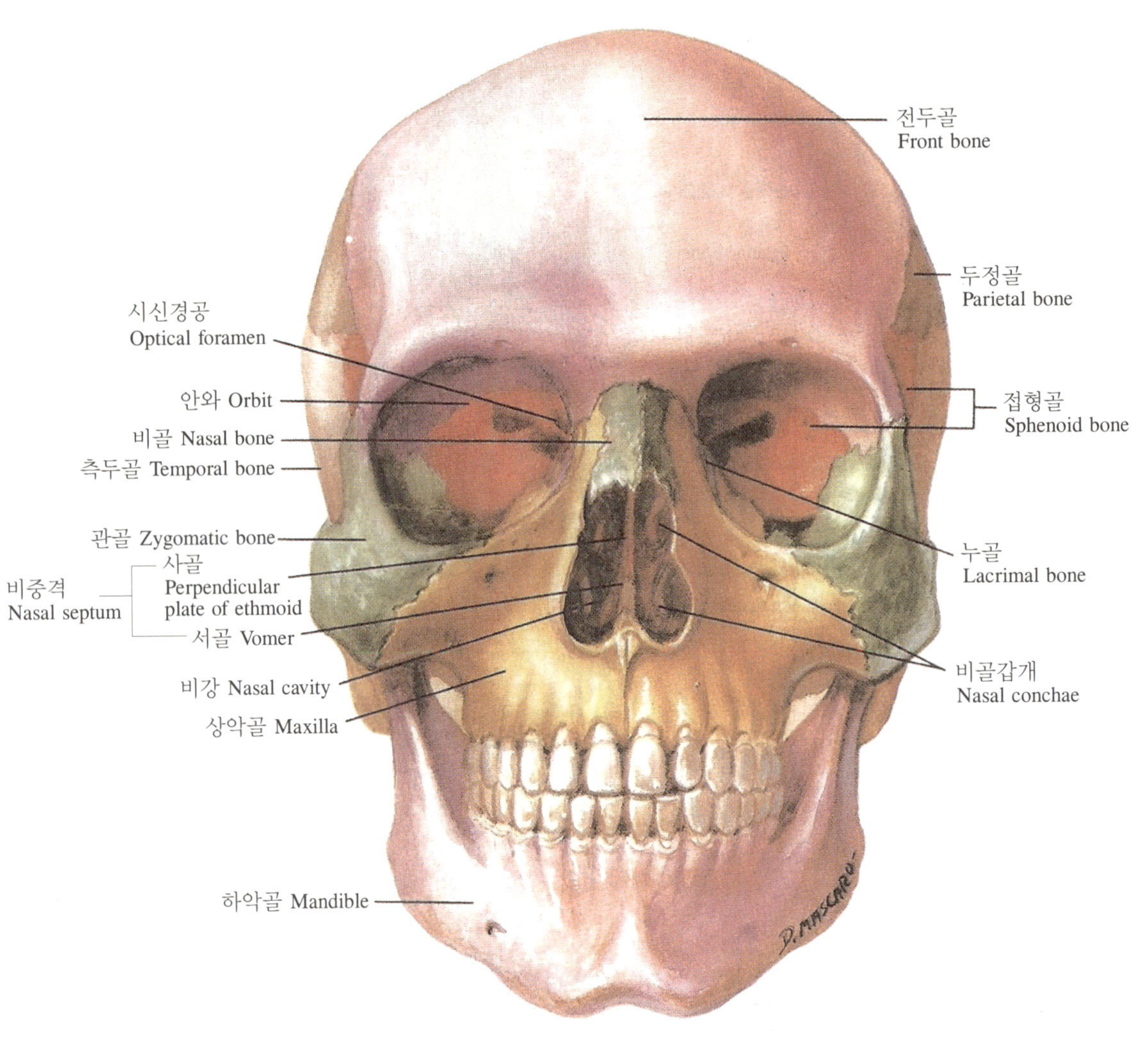

두개골(전면)

관상봉합 Coronal suture
전두골 Frontal bone
두정골 Parietal bone
인상봉합 Squamous suture
측두골 Temporal bone
후두골 Occipital bone
삼각봉합 Lambdoid suture
접형골 Sphenoid bone
비골 Nasal bone
누골 Lacrimal bone
누골와 Lacrimal fossa
관골 Zygomatic bone
상악골 Maxilla
외이도 External auditory meatus
유양돌기 Mastoid process
경상돌기 Styloid process
관절돌기 Zygomatic bone
하악골 Mandible

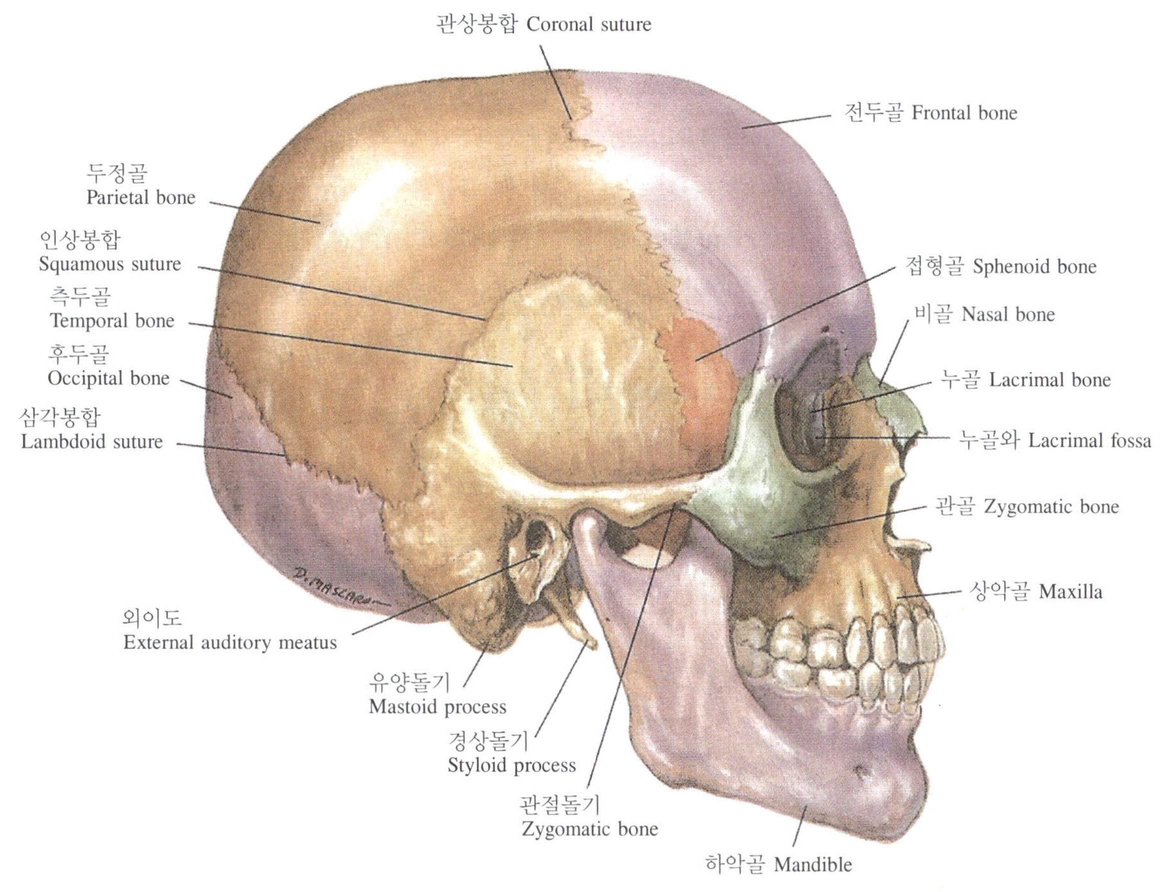

두개골(측면)

3. 얼굴 프로포션

1) 전면

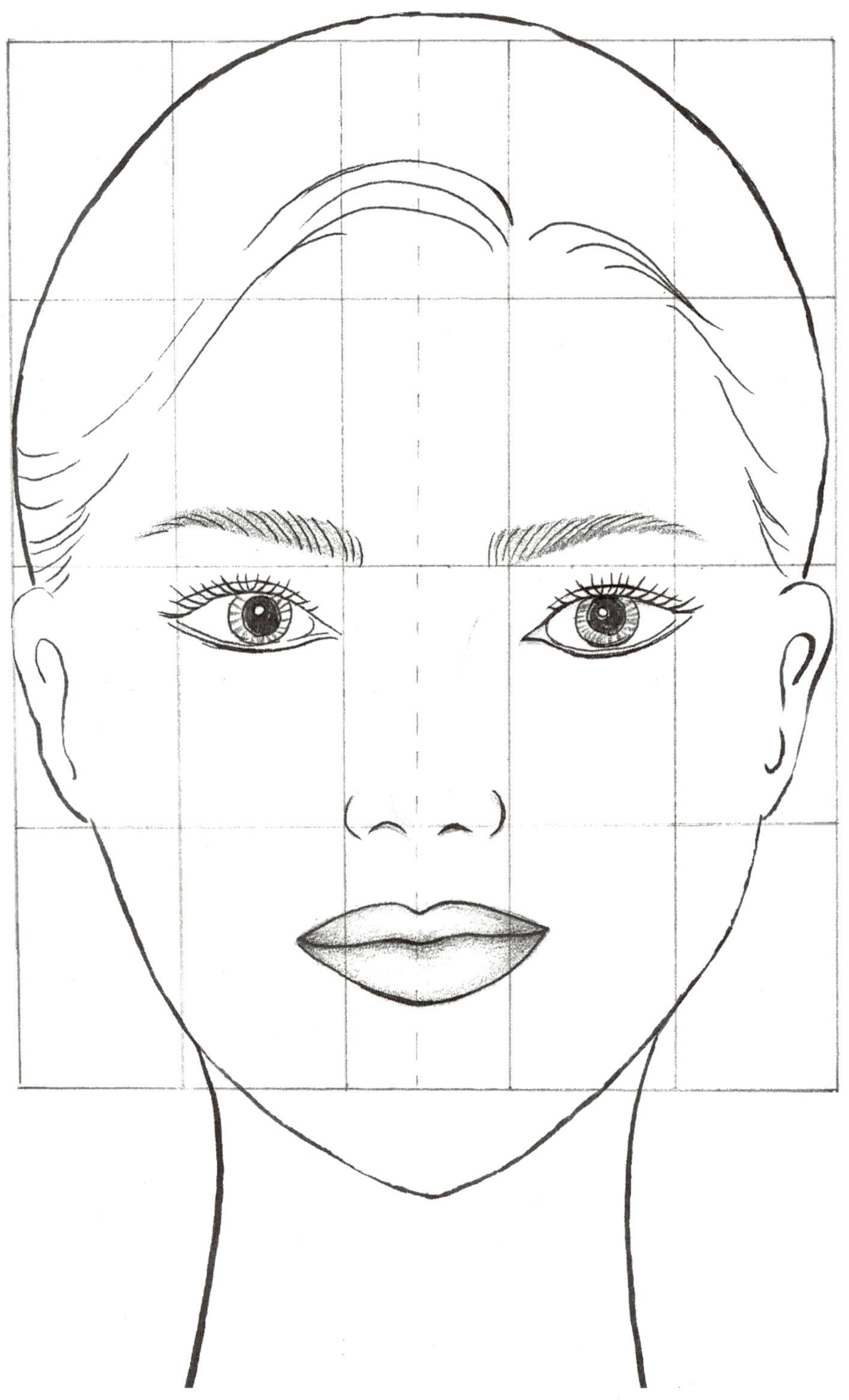

2) 측면

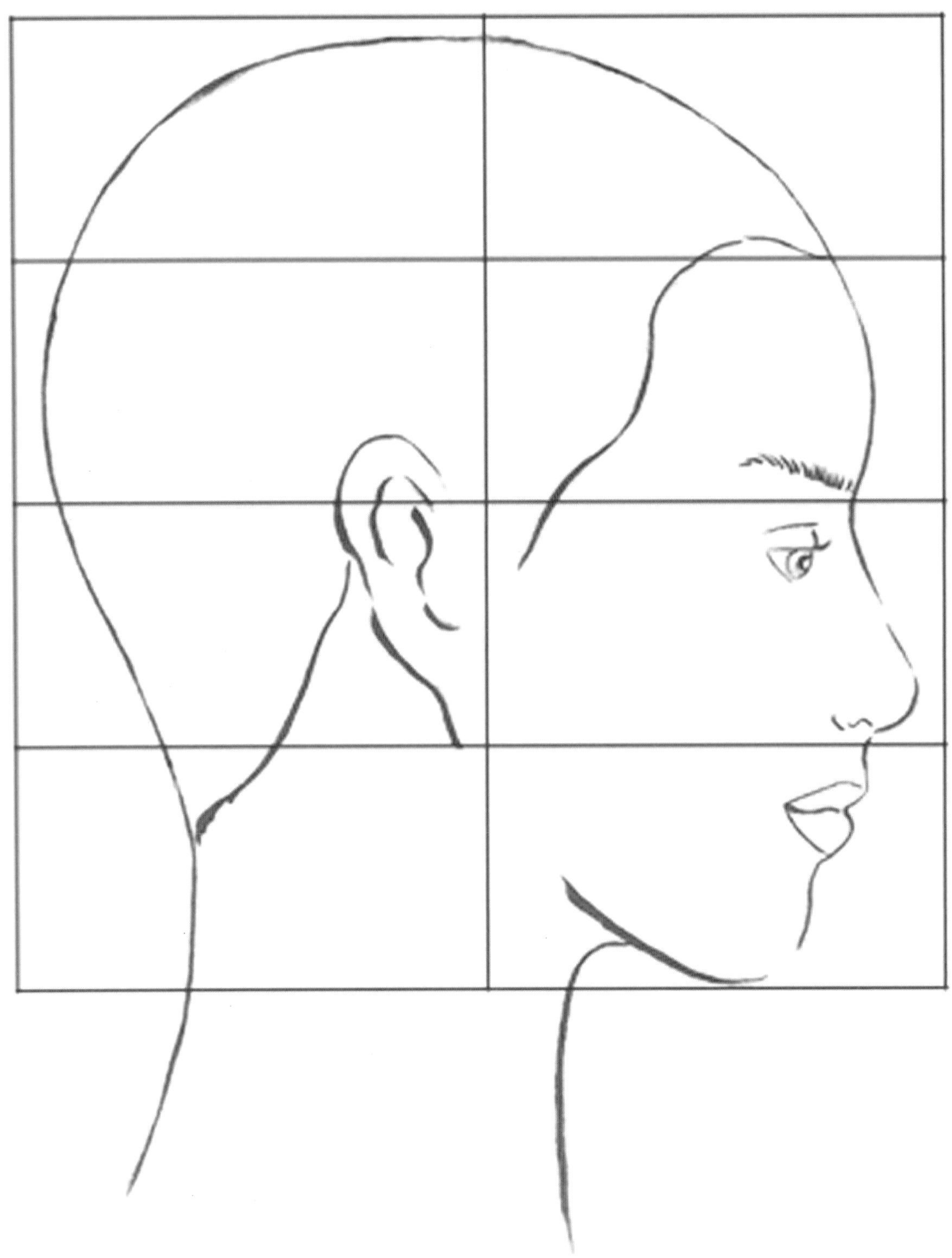

3. 부분 얼굴 그리기

1) 눈 그리기

① 정면

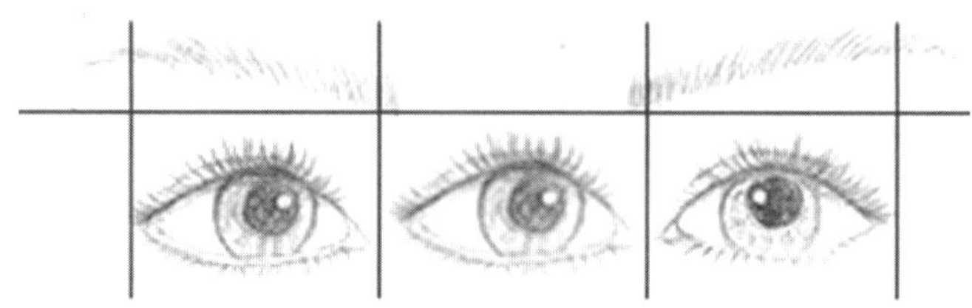

② 사면

 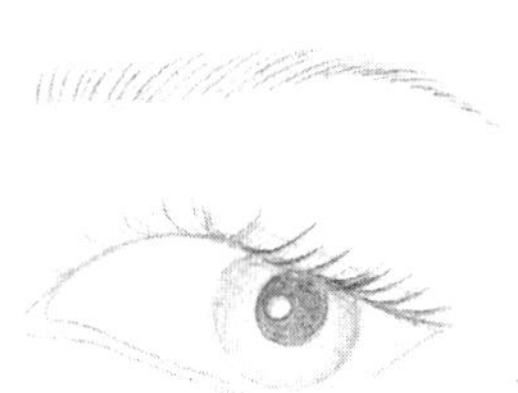

③ 측면

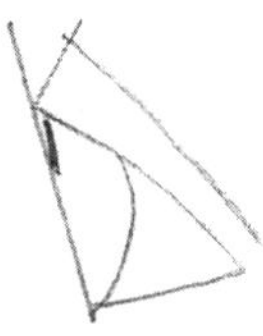

 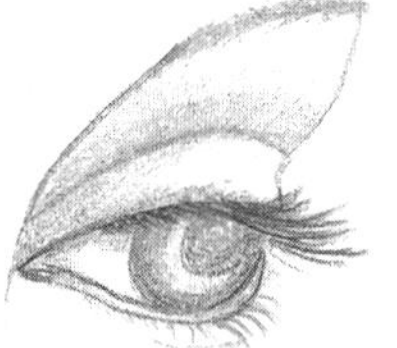

2) 코 그리기

3) 입술 그리기

전면 방향의 입술은 중심선에서 좌우 대칭형으로 그리도록 한다.

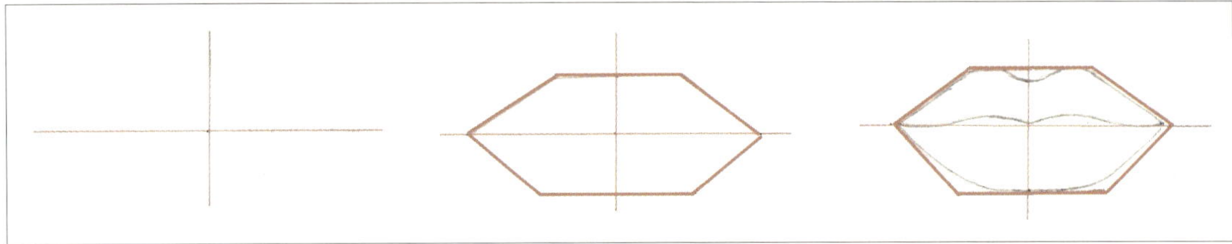

사면으로 본 입의 비율은 중심에서 6:4의 비율로 잡고 코의 중심을 따라 그려준다.

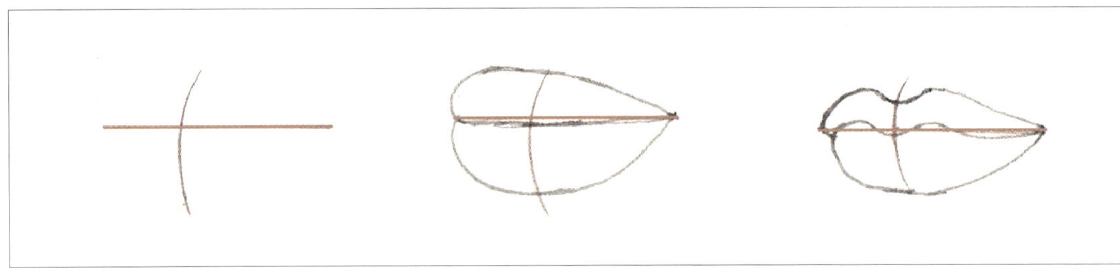

측면에서 본 입술의 모양은 오목해지지 않도록 주의하여 윗입술보다 아랫입술이 들어가게 그려준다.

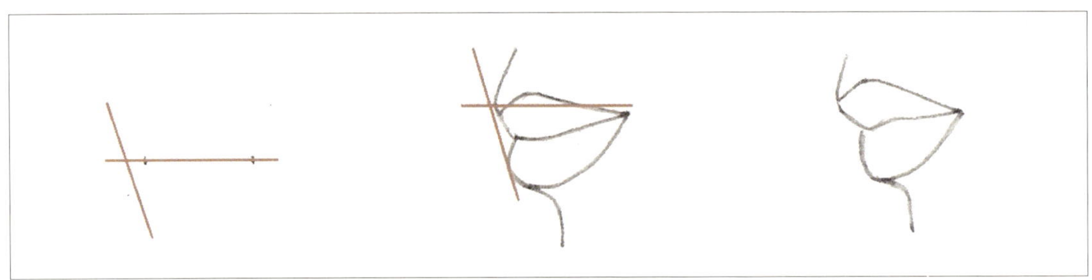

4) 눈썹 그리기

① **표준형** : 기본적인 눈썹모양으로 누구에게나 무난히 잘 어울린다.

② **각진 형** : 지적인 느낌을 주며 단정하고 세련되어 보인다. 이러한 눈썹은 둥근 얼굴이나 얼굴의 길이가

짧은 사람에게 잘 어울린다.

③ **아치형** : 매혹적이면서 우아하고 여성적인 느낌을 준다.

④ **상승 형(화살형의 눈썹)** : 동적이며 야성적인 느낌을 준다. 긴 얼굴이나 폭이 좁은 얼굴에 잘 어울린다.

⑤ **수평 형(직선형)** : 젊고 활동적인 느낌을 주며 긴 얼굴이나 폭이 좁은 얼굴에 잘 어울린다.

5) 눈과 아이섀도

① **눈의 형태** : 얼굴 중에서 눈은 가장 중요한 부분으로 내면의 감정까지도 표현할 수 있다. 시작 단계에서 스케치를 할 때에는 선을 옅게 그리는 것이 작업을 보다 쉽게 할 수 있다.

● 눈의 위치

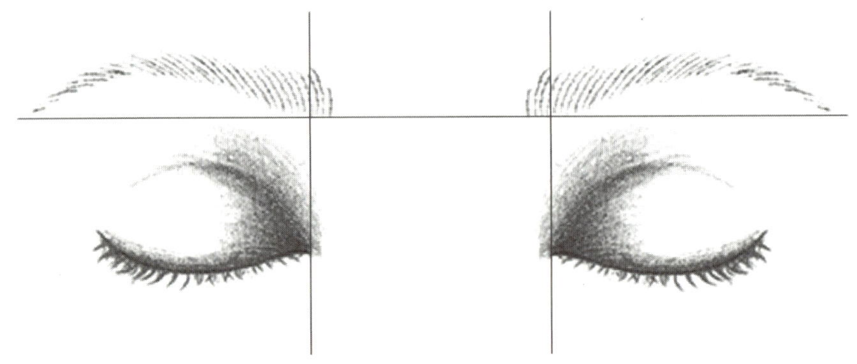

● 눈과 눈썹의 위치

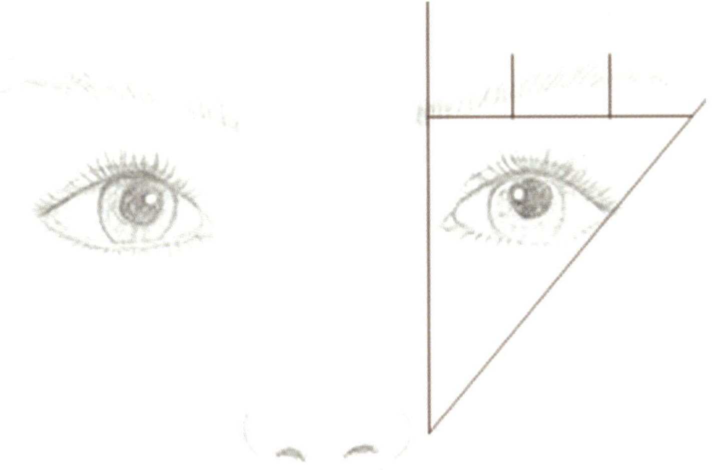

② **아이섀도(Eyeshadow)** : 아이섀도는 음영과 컬러로 눈을 더욱 아름답게 표현한 메이크업으로 하이라 이트와 새딩의 효과, 컬러, 질감의 형태에 따라 다양한 패턴을 연출할 수 있다.

● 아이섀도 명칭과 순서

● 아이섀도 테크닉

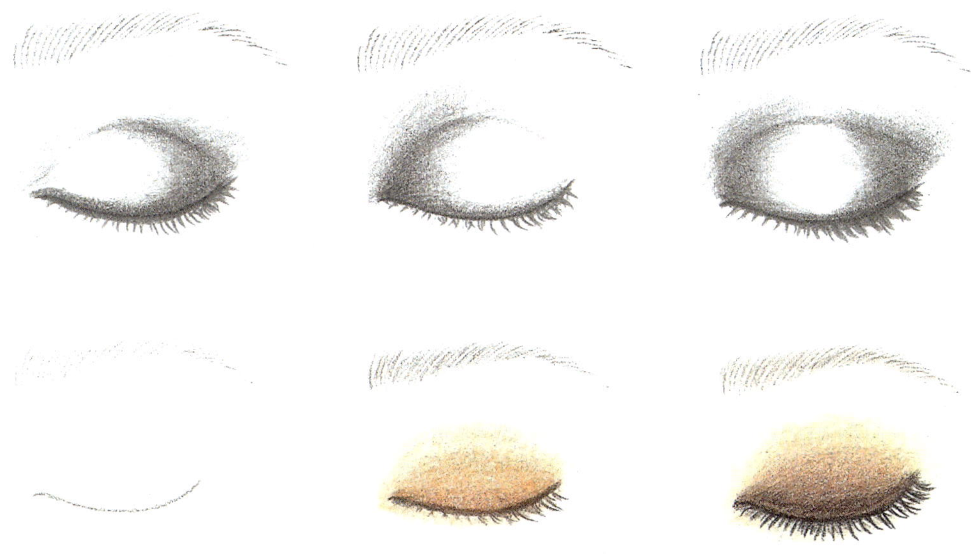

4. 하이라이트와 블러셔

1) 하이라이트 : 하이라이트는 돌출되어 보이거나 좀 더 넓어 보이고 싶은 부위에 얼굴전체에 바르는 파운

데이션 색상보다 1~3단계 밝은 색을 사용하여 경계가 생기지 않도록 자연스럽게 표현한다.

2) 다양한 얼굴형에 따른 수정

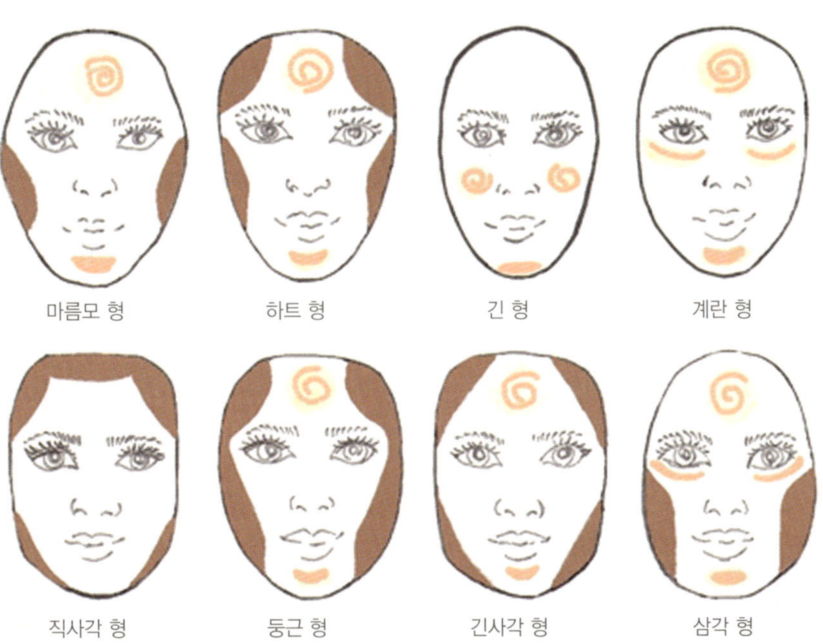

| 마름모 형 | 하트 형 | 긴 형 | 계란 형 |

| 직사각 형 | 둥근 형 | 긴사각 형 | 삼각 형 |

3) 블러셔 : 블러셔는 얼굴에 생기를 불어 넣어주고 그 위치와 컬러에 따라 귀여운, 지적인, 우아한, 화려한 등의 느낌의 이미지를 만들어 준다.

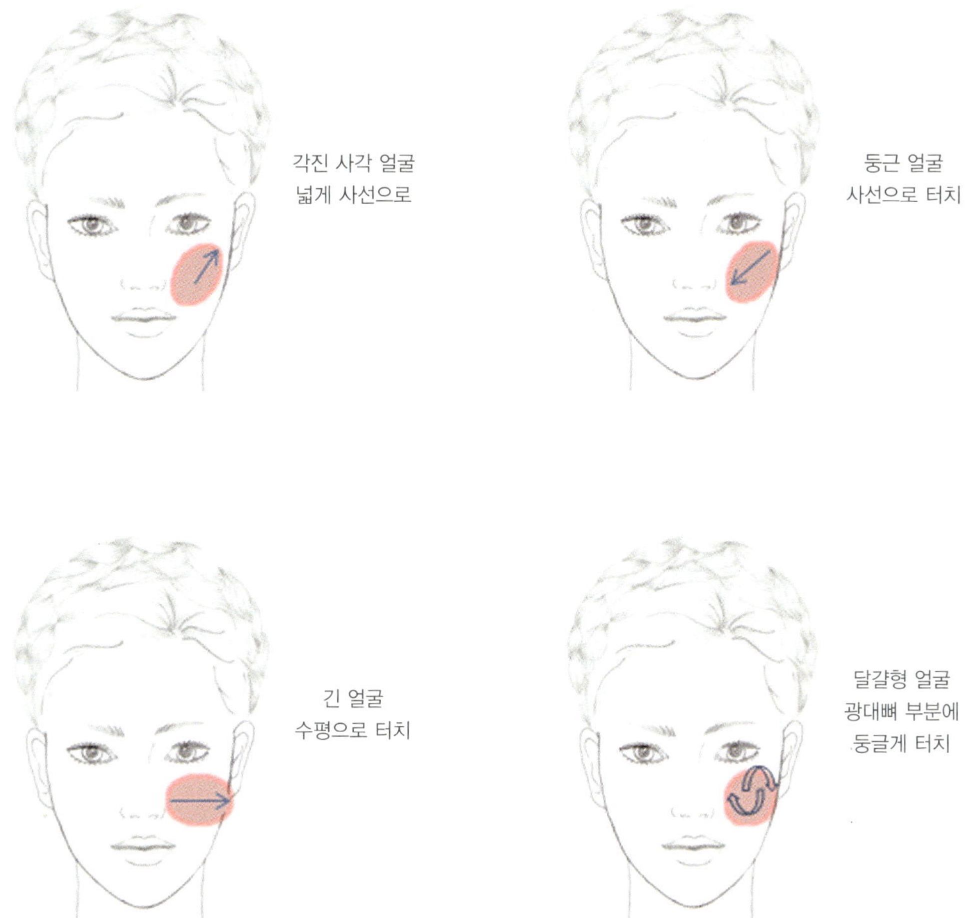

5. 입술(Lip)

입술은 립스틱의 색상과 명암기법은 물론 입술라인을 그리는 방법에 따라 이미지가 달라 보인다.

1) 직선 : 긴장감을 주는 직선형태로 현대적이며 활동적인 느낌과 샤프하고 지적인 이미지를 준다.

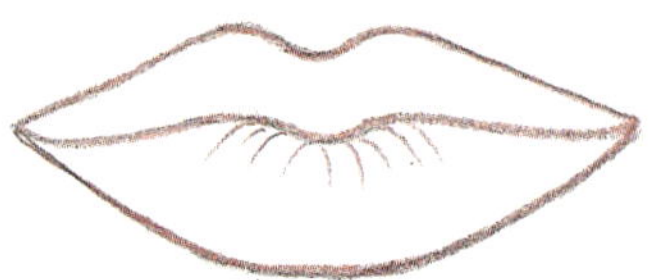

2) 인커브 : 입술 안쪽의 곡선커브로 여성스러우며 젊고 발랄한 이미지를 준다.

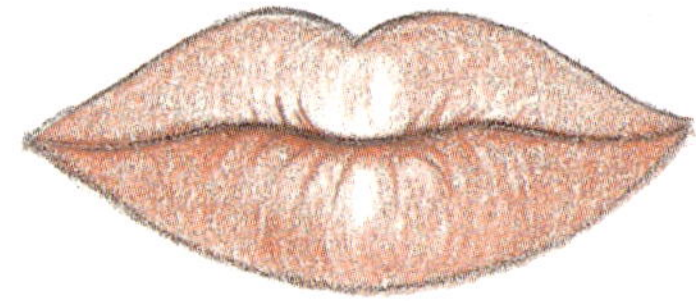

3) 아웃커브 : 입술 바깥쪽을 향한 둥근 커브로 우아하면서도 섹시한 이미지를 준다.

이 장에서는 헤어스타일을 그리기 위하여 모발을 표현하는 기법을 익혀
얼굴과 함께 다양한 헤어를 그려봄으로써 드로잉을 완성한다. 드로잉
후 재료에 따른 컬러링으로 색채감각과 응용력 및 표현기법을 연습하여
이미지맵과 컬러칩을 이용한 뷰티일러스트레이션으로 활용한다.

3

헤어(Hair) 일러스트레이션

헤어 일러스트레이션

1. 헤어 표현

1) 원통

 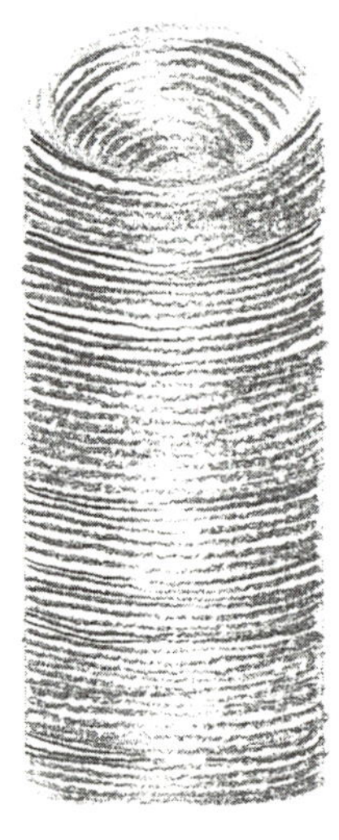

2) 꼬인 머리

3) 땋은 머리

4) 나선형 컬

2. 얼굴과 헤어 그리기

1) 전면

드로잉 후 컬러링을 해보세요.

59

2) 사면(왼쪽)

3) 사면(오른쪽)

드로잉 후 컬러링을 해보세요.

4) 측면

5) 후면

3. 표현재료와 사용

1) 색연필

2) 마카

3) 에딩펜

4) 마카+에딩펜

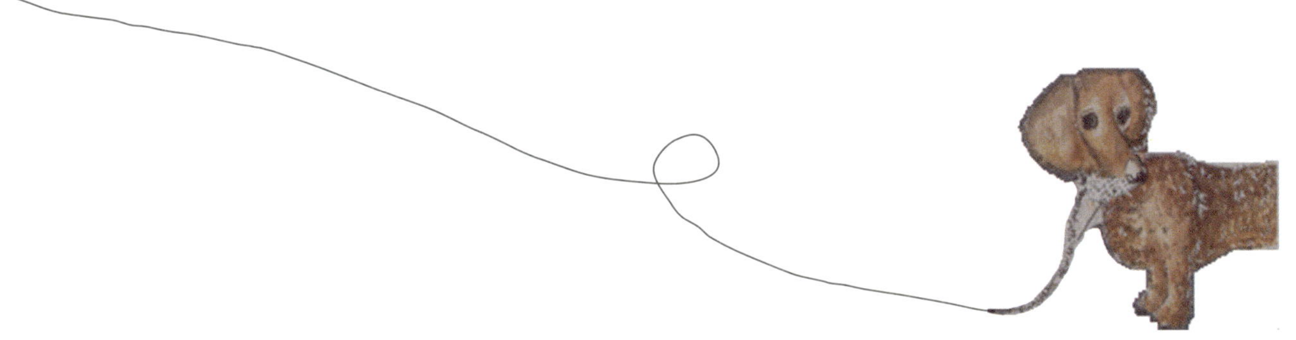

5) 혼합(물감+색연필+크레파스+먹+락스)

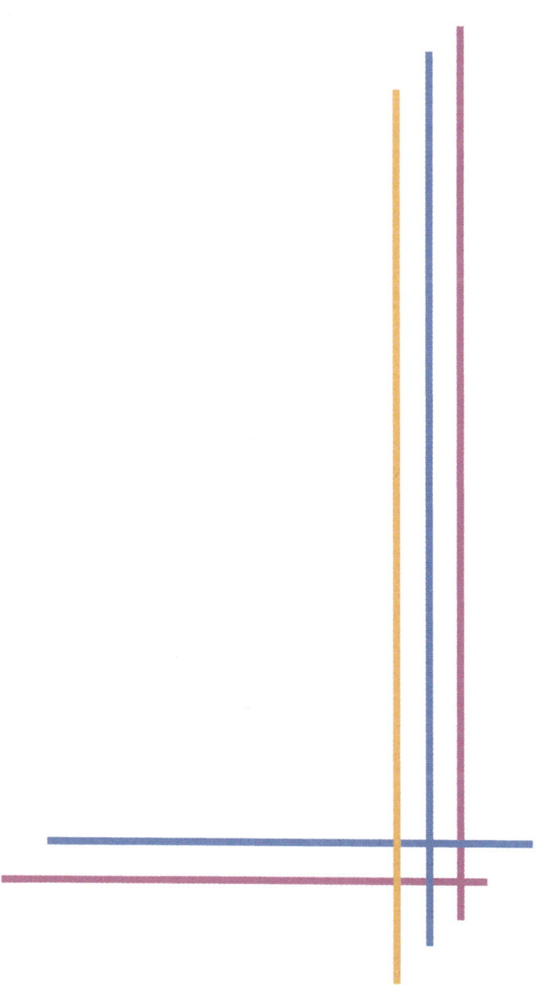

4. 뷰티 일러스트레이션 패턴

헤어 일러스트레이션

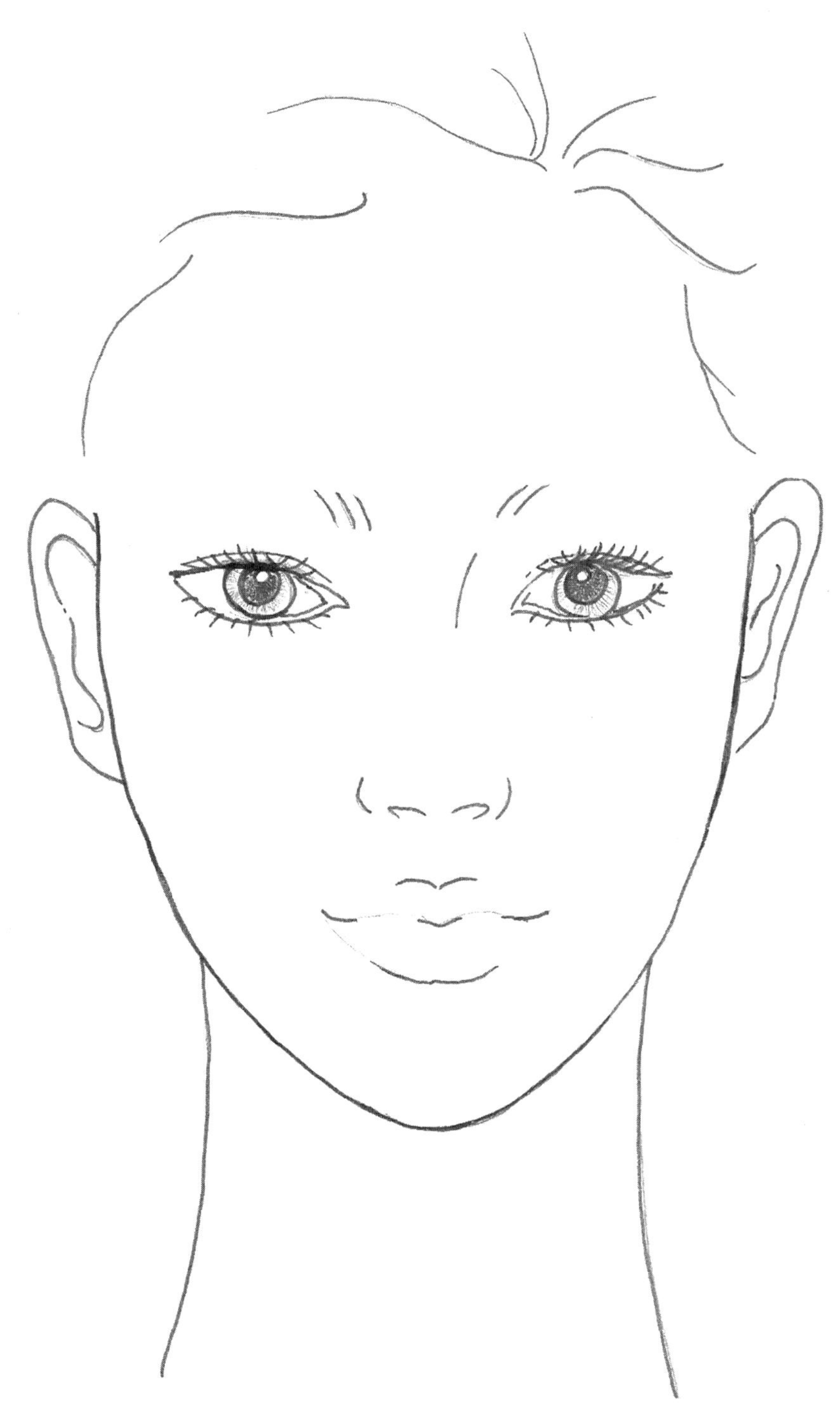

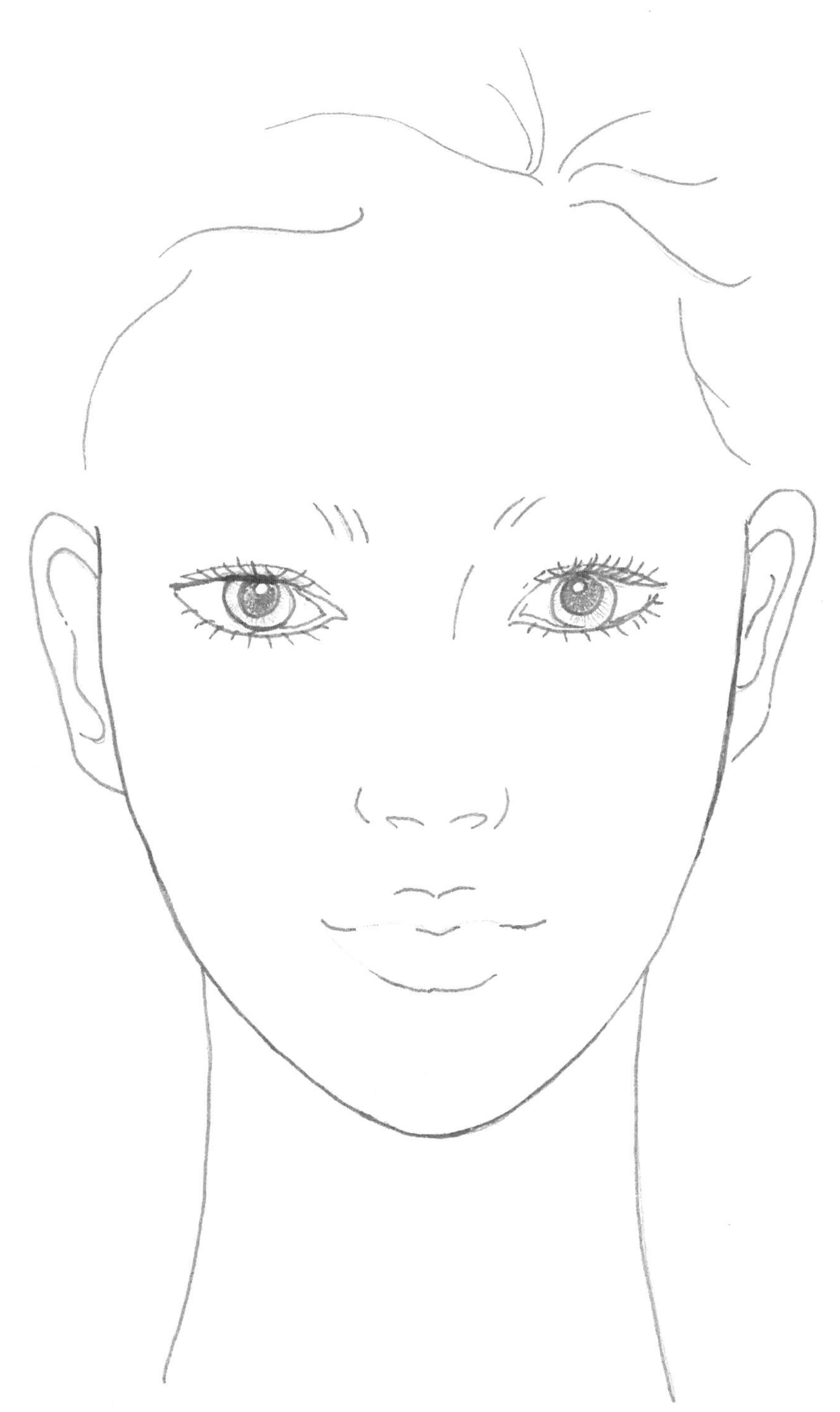

PART 3

헤어 일러스트레이션

5. 이미지 맵과 컬러칩

여기서는 예시로 엘레강스 웨딩이미지를 선정하여 메이크업과 헤어·스타일을 완성하고 이미지 맵과 컬러 칩으로 표현하였다. 이미지 맵에는 고급스러움과 우아하고 여성스러운 엘레강스가 연상되는 컬러와 이미 지를 지닌 사진을 편집하였다. 컬러칩에는 메이크업에 사용된 부위별 컬러를 표현하고 헤어스타일과 함께 완성하였다. 컬러칩은 컨셉회의, 작업 메뉴얼 등으로 쓰임에 맞게 작성한다.

1) image map

2) color chip

작품설명 : 고급스럽고 우아한 신부이미지
세련되고 기품 있는 고급스러운 이미지를 한데 어우른 이미지로 연한 분홍색이나 그레이시한
보라색을 적절히 사용하여 기품 있는 느낌을 표현 할 수 있다. 보라와 자주색과 같은 유사색 배
색은 우아한 이미지를 연출하는데 효과적이다.

image:

skin:

eyebrow:

eye shadow:

cheek:

lip:

작품설명:

image:

skin:

eyebrow:

eye shadow:

cheek:

lip:

작품설명:

도움이 되고자 준비했습니다.

메이크업 실기시험에서 가장 중요한 것은 패턴을 외우는 것!

메이크업을 실습하기 전 단계로 패턴을 그려보며 시험장에서 모델에

2016년 7월 첫 시행된 메이크업 국가자격 실기시험을 준비하는 데
도움이 되고자 준비했습니다.
메이크업 실기시험에서 가장 중요한 것은 패턴을 외우는 것!
패턴을 외우기에 일러스트레이션 만큼 좋은 건 없습니다.
메이크업을 실습하기 전 단계로 패턴을 그려보며 시험장에서 모델에
게 작업하는 순서와 방식을 머릿속으로 그려봅시다.

메이크업 국가자격시험 실기패턴

메이크업 국가자격시험 실기패턴

2016년 7월부터 실시된 메이크업 국가자격증의 실기시험과제 및 도면을 통해 일러스트레이션으로 충분히 연습하고 실기시험에 응시할 수 있도록 한다.

미용사(메이크업) 실기시험과제 구성

미용사(메이크업) 과제 유형(2시간 35분)

과제 유형	제1과제 (40분)	제2과제 (40분)	제3과제 (50분)	제4과제 (25분)
	뷰티 메이크업	시대 메이크업	캐릭터 메이크업	속눈썹 익스텐션 및 수염
작업대상	모델			마네킹
세부과제	① 웨딩(로맨틱)	① 현대1-1930 (그레타 가르보)	① 이미지(레오파드)	① 왼쪽 속눈썹 익스텐션
	② 웨딩(클래식)	② 현대2-1950 (마릴린 먼로)	② 무용(고전)	② 오른쪽 속눈썹 익스텐션
	③ 한복	③ 현대3-1960 (트위기)	③ 무용(발레)	③ 미디어 수염
	④ 내츄럴	④ 현대 4-1970~1980 (펑크)	④ 노역(추면)	
배점	30	30	25	15

※ 총 4과제로 시험 당일 각 과제가 랜덤 선정되는 방식으로 아래와 같이 선정

    1과제 : ①~④ 과제 중 1과제 선정

    2과제 : ①~④ 과제 중 1과제 선정

    3과제 : ①~④ 과제 중 1과제 선정

    4과제 : ①~③ 과제 중 1과제 선정

※ 각 과제 작업 종료 후 다음 과제를 위한 준비시간이 부여될 예정이며, 1, 2과제 작업 후 클렌징 및 세안
    (준비시간 내) 진행

자격종목	미용사(메이크업)	과 제 명	속눈썹 익스텐션(왼쪽)	척도	NS

속눈썹 연장 전 마네킹 준비상태	완성상태(왼쪽)

자격종목	미용사(메이크업)	과 제 명	속눈썹 익스텐션(왼쪽)	척도	NS

속눈썹 연장 전 마네킹 준비상태	완성상태(왼쪽)

자격종목	미용사(메이크업)	과 제 명	미디어 수염	척도	NS

완성상태

※ 출처 : 산업인력공단

115

미용사(메이크업) 자격증 수험자 지참 재료목록

번호	지참 공구명	규격	단위	수량	비고
1	모델		명	1	모델기준 참조
2	위생가운	긴팔 또는 반팔, 흰색	개	1	시술자용(1회용 가운 불가)
3	눈썹 칼	눈썹정리용	개	1	메이크업용 미사용품
4	브러시 세트	메이크업용	set	1	
5	어깨보	메이크업용, 흰색	개	1	모델용
6	스폰지 퍼프	메이크업용	개	필요량	메이크업용 미사용품
7	분첩	〃	개	1	〃
8	뷰러	〃	개	1	메이크업용
9	타월	40×80cm 내외, 흰색	개	필요량	작업대 세팅용, 세안용
10	소독제	액상 또는 젤	개	1	도구 · 피부 소독용
11	탈지면 용기		개	1	뚜껑이 있는 용기
12	탈지면(미용솜)		개	필요량	
13	미용티슈		개	필요량	미용용
14	면봉		개	〃	〃
15	족집게		개	1	눈썹관리용
16	터번(헤어밴드)		개	1	흰색
17	아이섀도우 파레트	(단품 제품 지참 가능)	set	1	메이크업용
18	립 파레트	〃	set	1	〃
19	메이크업 베이스		개	1	〃
20	페이스 파우더		개	1	〃
21	아이라이너	브라운, 검정색	개	각1	타입제한없음
22	파운데이션	리퀴드, 크림, 스틱 제형등(에어졸 제품 불가)	set	1	하이라이트, 섀도우, 베이스컬러용 등
23	마스카라		개	1	
24	아이브로우 펜슬		개	1	
25	인조속눈썹		set	필요량	
26	위생봉투(투명비닐)		개	1	쓰레기처리용, 고정테이프
27	아트용 컬러	아쿠아 컬러	set	1	메이크업 용
28	물통		개	1	〃
29	아트용 브러시		set	1	〃
30	스파출라		개	1	〃

번호	지참 공구명	규격	단위	수량	비고
31	수염(가공된 상태)	검정색	set	1	생사 또는 인조사
32	속눈썹 가위		개	1	눈썹 관리용
33	고정 스프레이(일반 스프레이)		개	1	수염관리용
34	수염 접착제(스프리트 검 or 프로세이드)		개	1	〃
35	가위		개	1	〃
36	핀셋		개	1	〃
37	빗(꼬리빗 or 마이크로 브러시)		개	1	〃
38	가제수건	(물에 젖은 상태)	개	1	거즈, 물티슈대용 가능
39	글루	공인인증기관으로부터 자가 번호 부여받은 제품	개	1	공인인증제품
40	글루판		개	1	속눈썹 관리용
41	속눈썹(J컬)	J컬 타입 (8, 9, 10, 11, 12mm)	set	필요량	두께 0.15～0.2mm
42	마네킹(5～6mm 인조속눈썹이 50가닥 이상이 부착된 상태)	얼굴단면용	개	1	속눈썹 관리 및 수염 관리용(홀더 추가지참 가능)
43	핀셋		개	2	속눈썹 관리용
44	아이패치	속눈썹 관리용	개	1	흰색, 테이프 불가
45	우드 스파출라	〃	개	필요량	속눈썹 관리용
46	전 처리제	〃	개	1	〃
47	속눈썹 빗	〃	개	1	〃
48	속눈썹 접착제	공인인증기관으로부터 자가 번호 부여받은 제품	개	1	공인인증제품
49	속눈썹 판	〃	개	1	속눈썹 관리용
50	클렌징 제품 및 도구	클렌징 티슈, 해면, 습포 등	개	필요량	메이크업 제거용
51	메이크업 팔레트 (플레이트 판)		개	1	믹싱용

2016년 수시 3회부터 적용하는 미용사(메이크업) 실기시험 문제관련 알림

구분		알림	비고
수험자지참 준비물	대동모델 관련	문신 및 반영구 메이크업 이외에 눈썹 염색 및 틴트 제품 등을 사용해 온 경우에도 사전에 메이크업이 되어있는 경우로 간주되어 대동 모델 조건으로 부적합	대동모델 기준강화
	지참준비물 관련	바구니(흰색)는 작업대 정리 등의 용도로 필요시에 지참 가능	
		메이크업 팔레트(플레이트 판)는 파운데이션 등 믹싱용으로 지참	추가
실기시험문제 4과제 속눈썹	아이패치 관련	문제지 요구사항과 같이 수험자의 손 및 도구류와 마네킹의 작업부위를 소독한 후 적절한 위치에 아이패치를 부착한 후 과제 수행	도면 문구수정
	나무스파츌라 관련	나무스파츌라는 사용 후 폐기	
실기시험문제 1과제 뷰티 메이크업 (내츄럴)	인조속눈썹 관련	뷰티 메이크업(내츄럴)은 인조 속눈썹 사용 안함	

※ 한국산업인력공단(www.q-net.or.kr)에서 실기시험 문제 관련 알림, 공개문제 및 관련 자료 등을 안내하오니 공지의 내용을 반드시 확인하여 실기시험에 대비하시기 바랍니다.

1. 1과제 : 뷰티 메이크업

1) 웨딩(로맨틱)

■ 요구사항

가. 과제를 수행하기 전 수험자의 손 및 도구류를 소독한 후 제시된 도면을 참고하여 웨딩(로맨틱) 메이크업 스타일을 연출하시오.

나. 모델의 피부톤에 적합한 메이크업베이스를 선택하여 얇고 고르게 펴 바르시오.

다. 모델의 피부보다 한 톤 밝게 표현하시오.

라. 섀딩과 하이라이트 후 파우더로 가볍게 마무리 하시오.

마. 모델의 눈썹 모양에 맞추어 흑갈색으로 그리되 눈썹 산이 각지지 않게 둥근 느낌으로 그리시오,

바. 아이섀도는 펄이 약간 가미된 연 핑크색으로 눈두덩이와 언더라인 전체에 바르시오.

사. 연보라색 아이섀도우로 도면과 같이 아이라인 주변을 짙게 바르고 눈두덩이 위로 자연스럽게 그라데이션 한 후 눈 꼬리 언더라인 1/2~ 1/3까지 그라데이션 하시오(단, 아이섀도우 연출 시 아이 홀 라인의 경계가 생기지 않게 그라데이션 하시오).

아. 아이라인은 아이라이너로 속눈썹 사이를 메꾸어 그리고 눈매를 아름답게 교정하시오.

자. 뷰러를 이용하여 자연 속눈썹을 컬링 하시오.

차. 인조 속눈썹은 모델 눈에 맞춰 붙이고, 마스카라를 발라주시오.

카. 치크는 핑크색으로 애플 존 위치에 둥근 느낌으로 바르시오.

타. 립은 핑크색으로 입술 안쪽을 짙게 바르고 바깥으로 그라데이션 한 후 립글로스로 촉촉하게 마무리하시오.

■ 수험자 유의사항

가. 모델은 문신(눈썹, 아이라인, 입술 등), 속눈썹 연장 및 메이크업이 되어 있지 않은 상태이어야 합니다.

나. 스파출라, 속눈썹 가위, 족집게, 눈썹칼 등의 도구류를 사용 전 소독제로 소독해야 합니다.

다. 메이크업 베이스, 파운데이션을 펴 바를 때 스펀지 퍼프 또는 브러시를 사용하시오.

라. 아이섀도, 치크, 립 등의 표현 시 브러시 등 적합한 도구를 사용하시오.

마. 화장품은 요구사항에 지정된 제형 외에는 타입에 상관없이 자유롭게 사용하시오.

자격종목	미용사(메이크업)	과제명	뷰티 메이크업 웨딩(로맨틱)	척도	NS

2) 웨딩(클래식)

■ 요구사항

※ 지참재료 및 도구를 사용하여 아래의 요구사항에 따라 뷰티메이크업 웨딩(클래식)을 시험시간 내에 완성하시오.

가. 과제를 수행하기 전 수험자의 손 및 도구류를 소독한 후 제시된 도면을 참고하여 웨딩(클래식) 메이크업 스타일을 연출하시오.

나. 모델의 피부 톤에 적합한 메이크업베이스를 선택하여 얇고 고르게 펴 바르시오.

다. 모델의 피부 톤에 맞춰 결점을 커버하여 깨끗하게 피부표현 하시오.

라. 섀딩과 하이라이트로 윤곽 수정 후 파우더로 매트하게 마무리하시오.

마. 모델의 눈썹 모양에 맞추어 흑갈색으로 그리되 눈썹 산이 약간 각지도록 그려주시오.

바. 피치색의 아이섀도를 눈두덩이 전체에 펴 바른 후 브라운색으로 속눈썹 라인에 깊이 감을 주고, 눈두덩이 위로 펴 바르시오.

사. 눈앞머리의 위, 아래에는 골드 펄을 발라 화려함을 연출하시오(단, 아이섀도 연출 시 아이 홀 라인의 경계가 생기지 않게 그라데이션 하시오).

아. 아이라인은 속눈썹 사이를 메꾸어 그리고 눈매를 아름답게 교정하시오.

자. 뷰러를 이용하여 자연 속눈썹을 컬링 하시오.

차. 인조 속눈썹은 뒤쪽이 긴 스타일로 모델 눈에 맞춰 붙이고, 마스카라를 발라주시오.

카. 치크는 피치 색으로 광대뼈 바깥에서 안쪽으로 블렌딩 하시오.

타. 립 컬러는 베이지 핑크색으로 바르고 입술라인을 선명하게 표현하시오.

가. 모델은 문신(눈썹, 아이라인, 입술 등), 속눈썹 연장 및 메이크업이 되어 있지 않은 상태이어야 합니다.

나. 스파출라, 속눈썹 가위, 족집게, 눈썹칼 등의 도구류를 사용 전 소독제로 소독해야 합니다.

다. 메이크업 베이스, 파운데이션을 펴 바를 때 스펀지 퍼프 또는 브러시를 사용하시오.

라. 아이섀도, 치크, 립 등의 표현 시 브러시 등 적합한 도구를 사용하시오.

마. 화장품은 요구사항에 지정된 제형 외에는 타입에 상관없이 자유롭게 사용하시오.

자격종목	미용사(메이크업)	과제명	뷰티 메이크업 웨딩(클래식)	척도	NS

3) 한복

■ 요구사항

※ 지참재료 및 도구를 사용하여 아래의 요구사항에 따라 뷰티메이크업(한복)을 시험시간 내에 완성하시오.

가. 과제를 수행하기 전 수험자의 손 및 도구류를 소독한 후 제시된 도면을 참고하여 한복 메이크업 스타일을 연출하시오.

나. 모델의 피부 톤에 적합한 메이크업베이스를 선택하여 얇고 고르게 펴 바르시오.

다. 모델의 피부 톤에 맞춰 결점을 커버하여 깨끗하게 피부표현 하시오.

라. 섀딩과 하이라이트 후 파우더로 가볍게 마무리하시오.

마. 모델의 눈썹 모양에 맞추어 자연스러운 브라운 컬러의 눈썹을 표현하시오.

바. 아이섀도의 표현은 펄이 약간 가미된 피치 색으로 눈두덩이와 언더라인 전체에 바르시오.

사. 브라운색 아이섀도로 도면과 같이 아이라인 주변을 짙게 바르고 눈두덩이 위로 자연스럽게 그라데이션 한 후 눈꼬리 언더라인 1/2~1/3까지 그라데이션 하시오(단, 아이섀도 연출 시 아이홀 라인의 경계가 생기지 않게 그라데이션 하시오)..

아. 언더라인에는 밝은 크림색 섀도를 덧발라 애교 살이 돋보이도록 하시오.

자. 아이라인은 속눈썹 사이를 메꾸어 그리고 눈매를 아름답게 교정하시오.

차. 뷰러를 이용하여 자연 속눈썹을 컬링 하시오.

카. 인조 속눈썹은 모델 눈에 맞춰 붙이고, 마스카라를 발라주시오.

타. 치크는 오렌지 계열로 광대뼈 위쪽에 안에서 바깥으로 블렌딩해서 바르시오.

파. 립 컬러는 오렌지 레드 색으로 바르고 입술 라인을 선명하게 표현하시오.

가. 모델은 문신(눈썹, 아이라인, 입술 등), 속눈썹 연장 및 메이크업이 되어 있지 않은 상태이어야 합
　니다.

나. 스파츌라, 속눈썹 가위, 족집게, 눈썹칼 등의 도구류를 사용 전 소독제로 소독해야 합니다.

다. 메이크업 베이스, 파운데이션을 펴 바를 때 스펀지 퍼프 또는 브러시를 사용하시오.

라. 아이섀도, 치크, 립 등의 표현 시 브러시 등 적합한 도구를 사용하시오.

마. 화장품은 요구사항에 지정된 제형 외에는 타입에 상관없이 자유롭게 사용하시오.

자격종목	미용사(메이크업)	과제명	뷰티 메이크업 (한복)	척도	NS

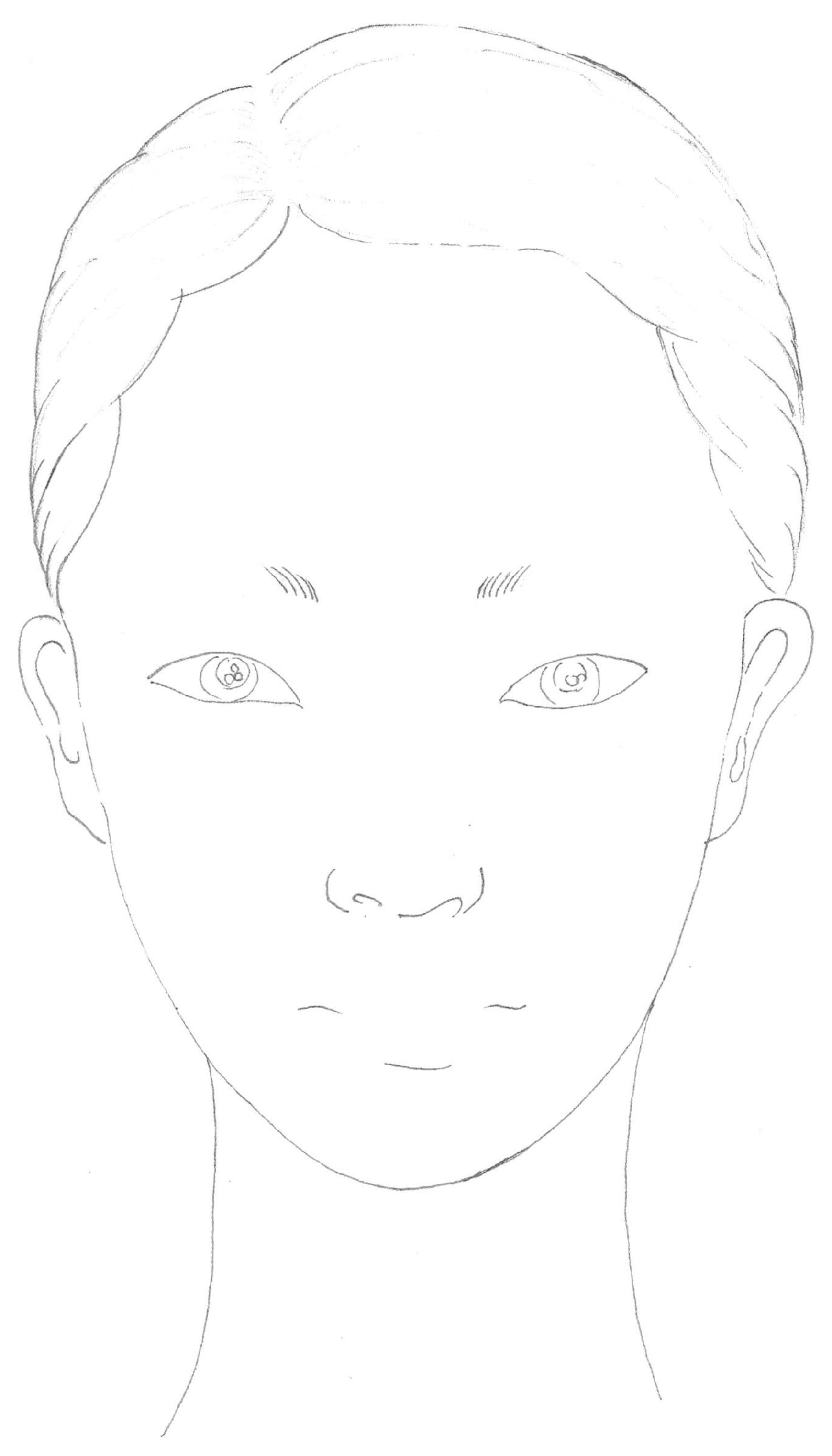

4) 내츄럴

■ 요구사항

※ 지참재료 및 도구를 사용하여 아래의 요구사항에 따라 뷰티메이크업(내츄럴)을 시험시간 내에 완성하시오.

가. 과제를 수행하기 전 수험자의 손 및 도구류를 소독한 후 제시된 도면을 참고하여 뷰티메이크업 내츄럴 스타일을 연출하시오.

나. 모델의 피부 톤에 적합한 메이크업베이스를 선택하여 얇고 고르게 펴 바르시오.

다. 베이스 메이크업은 모델 피부색과 비슷한 리퀴드 파운데이션을 사용하시오.

라. 피부의 결점 등을 커버하기 위하여 컨실러 등을 사용할 수 있으며 파운데이션은 두껍지 않게 골고루 펴 바르며 투명 파우더를 사용하여 마무리하시오.

마. 눈썹의 표현은 모델의 눈썹 결을 최대한 살려 자연스럽게 그려주시오.

바. 아이섀도의 표현은 펄이 없는 베이지색으로 눈두덩이와 언더라인 전체에 바르시오.

사. 브라운색으로 도면과 같이 아이라인 주변을 바르고 눈두덩이 위로 자연스럽게 그라데이션 한 후 눈꼬리 언더라인 1/2~1/3까지 그라데이션 하시오(단, 아이섀도우 연출시 아이 홀 라인의 경계가 생기지 않게 그라데이션 하시오).

아. 아이라인은 브라운 컬러의 섀도우 타입이나 펜슬 타입을 이용하여 점막을 채우듯이 속눈썹 사이를 메꾸어 그리고 눈매를 자연스럽게 교정하시오.

자. 뷰러를 이용하여 자연 속눈썹을 컬링하시오.

차. 속눈썹은 마스카라를 이용하여 자연스럽게 표현하시오.

카. 치크는 피치 컬러로 광대뼈 안쪽에서 바깥쪽으로 블렌딩하시오.

타. 립은 베이지 핑크색으로 자연스럽게 발라 마무리하시오.

가. 모델은 문신(눈썹, 아이라인, 입술 등), 속눈썹 연장 및 메이크업이 되어 있지 않은 상태이어야 합니다.

나. 스파츌라, 속눈썹 가위, 족집게, 눈썹칼 등의 도구류를 사용 전 소독제로 소독해야 합니다.

다. 메이크업 베이스, 파운데이션을 펴 바를 때 스펀지 퍼프 또는 브러시를 사용하시오.

라. 아이섀도, 치크, 립 등의 표현 시 브러시 등 적합한 도구를 사용하시오.

마. 화장품은 요구사항에 지정된 제형 외에는 타입에 상관없이 자유롭게 사용하시오.

자격종목	미용사(메이크업)	과제명	뷰티 메이크업 (내츄럴)	척도	NS

1. 2과제 : 시대 메이크업

1) 그레타 가르보

■ 요구사항

※ 지참재료 및 도구를 사용하여 아래의 요구사항에 따라 시대 메이크업(그레타 가르보)을 시험시간 내에 완성하시오.

가. 과제를 수행하기 전 수험자의 손 및 도구류를 소독한 후 제시된 도면을 참고하여 시대 메이크업(그레타 가르보) 스타일을 연출하시오.

나. 모델의 피부 톤에 적합한 메이크업베이스를 선택하여 얇고 고르게 펴 바르시오.

다. 눈썹은 파운데이션 등(또는 눈썹 왁스 및 실러)을 사용하여 도면과 같이 완벽하게 커버하시오.

라. 모델의 피부 톤에 맞춰 결점을 커버하여 깨끗하게 피부표현하시오.

마. 셰딩과 하이라이트로 윤곽 수정 후 파우더로 매트하게 마무리하시오.

바. 눈썹은 아치형으로 그려 그레타 가르보의 개성이 돋보이게 표현하시오.

사. 아이섀도의 표현은 도면과 같이 모델의 눈두덩이에 펄이 없는 갈색계열의 컬러를 이용하여 아이홀을 그리고 그라데이션 하시오.

아. 아이라인은 속눈썹 사이를 메꾸어 그리고 도면과 같이 눈매를 교정하시오.

자. 뷰러를 이용하여 자연 속눈썹을 컬링 하시오.

차. 인조 속눈썹은 모델 눈에 맞춰 붙이고, 깊고 그윽한 눈매를 연출하시오.

카. 치크는 브라운색으로 광대뼈 아래쪽을 강하게 표현하고 얼굴 전체를 핑크 톤으로 가볍게 쓸어 표현하시오.

타. 적당한 유분기를 가진 레드브라운 립 컬러를 이용하여 인커브 형태로 바르시오.

■ **수험자 유의사항**

가. 모델은 문신(눈썹, 아이라인, 입술 등), 속눈썹 연장 및 메이크업이 되어 있지 않은 상태이어야 합니다.

나. 스파츌라, 속눈썹 가위, 족집게, 눈썹칼 등의 도구류를 사용 전 소독제로 소독해야 합니다.

다. 메이크업 베이스, 파운데이션을 펴 바를 때 스펀지 퍼프 또는 브러시를 사용하시오.

라. 아이섀도, 치크, 립 등의 표현 시 브러시 등 적합한 도구를 사용하시오.

마. 화장품은 요구사항에 지정된 제형 외에는 타입에 상관없이 자유롭게 사용하시오.

자격종목	미용사(메이크업)	과제명	시대 메이크업 (그레타 가르보)	척도	NS

2) 마릴린 먼로

■ 요구사항

※ 지참재료 및 도구를 사용하여 아래의 요구사항에 따라 시대 메이크업(마릴린 먼로)을 시험시간 내에 완성하시오.

가. 과제를 수행하기 전 수험자의 손 및 도구류를 소독한 후 제시된 도면을 참고하여 시대 메이크업(마릴린 먼로) 스타일을 연출하시오.

나. 모델의 피부 톤에 적합한 메이크업베이스를 선택하여 얇고 고르게 펴 바르시오.

다. 모델의 피부 톤보다 밝은 핑크 톤의 파운데이션으로 표현하시오.

라. 섀딩과 하이라이트 윤곽 수정 후 파우더로 매트하게 마무리하시오.

마. 눈썹은 브라운색의 양미간이 좁지 않은 각진 눈썹으로 표현하시오.

바. 아이섀도는 모델의 눈두덩이를 중심으로 핑크와 베이지계열의 컬러를 이용하여 아이홀을 표현하고 그라데이션 하시오.

사. 아이홀 안쪽 눈꺼풀에 화이트 색상으로 입체감을 주고 언더에는 베이지계열의 섀도를 바르시오.

아. 아이라인은 속눈썹 사이를 메꾸어 그리고 도면과 같이 아이라인을 길게 뺀 형태의 눈매를 표현하시오.

자. 뷰러를 이용하여 자연 속눈썹을 컬링하시오.

차. 인조 속눈썹은 모델의 눈보다 길게 뒤로 빼서 붙여주고 깊고 그윽한 눈매를 표현하시오.

카. 치크는 핑크톤으로 광대뼈보다 아래쪽에서 구각을 향해 사선으로 바르시오.

타. 적당한 유분기를 가진 레드 립컬러를 아웃커브 형태로 바르시오.

파. 도면과 같이 마릴린 먼로의 개성이 돋보이는 점을 그리시오.

■ 수험자 유의사항

가. 모델은 문신(눈썹, 아이라인, 입술 등), 속눈썹 연장 및 메이크업이 되어 있지 않은 상태이어야 합니다.

나. 스파출라, 속눈썹 가위, 족집게, 눈썹칼 등의 도구류를 사용 전 소독제로 소독해야 합니다.

다. 메이크업 베이스, 파운데이션을 펴 바를 때 스펀지 퍼프 또는 브러시를 사용하시오.

라. 아이섀도, 치크, 립 등의 표현 시 브러시 등 적합한 도구를 사용하시오.

마. 화장품은 요구사항에 지정된 제형 외에는 타입에 상관없이 자유롭게 사용하시오.

자격종목	미용사(메이크업)	과제명	시대 메이크업 (마릴린 먼로)	척도	NS

3) 트위기

■ 요구사항

※ 지참재료 및 도구를 사용하여 아래의 요구사항에 따라 시대 메이크업(트위기)을 시험시간 내에 완성하시오.

가. 과제를 수행하기 전 수험자의 손 및 도구류를 소독한 후 제시된 도면을 참고하여 시대 메이크업(트위기) 스타일을 연출하시오.

나. 모델의 피부톤에 적합한 메이크업 베이스를 선택하여 얇고 고르게 펴 바르시오.

다. 베이스 메이크업은 모델 피부색과 비슷한 리퀴드 또는 크림 파운데이션을 사용하시오.

라. 파운데이션은 두껍지 않게 골고루 펴 바르며 파우더를 사용하여 마무리하시오.

마. 눈썹의 표현은 도면과 같이 자연스러운 브라운 컬러로 눈썹산을 강조하여 그리시오.

바. 아이섀도는 화이트 베이스 컬러와 핑크, 네이비, 그레이, 어두운 청색 등을 사용하여 인위적인 쌍꺼풀 라인을 표현하시오.

사. 쌍꺼풀 라인과 아이라인의 선이 선명하도록 강조하여 그라데이션 하고 화이트로 쌍꺼풀 안쪽 및 눈썹 아래 부위를 하이라이트 하시오.

아. 아이라인은 선명하게 그리고 도면과 같이 눈매를 교정하시오.

자. 뷰러를 이용하여 자연 속눈썹을 컬링한 후 마스카라를 바르고 인조 속눈썹을 붙여 눈매를 강조하시오.

차. 도면과 같이 과장된 속눈썹 표현을 위해 언더 속눈썹에 마스카라를 한 후 아이라이너를 사용하여 그리거나 인조 속눈썹을 붙여 표현하시오.

카. 치크는 핑크 및 라이트 브라운 색으로 애플 존 위치에 둥근 느낌으로 바르시오.

타. 베이지 핑크색의 립컬러를 자연스럽게 발라 마무리하시오.

가. 모델은 문신(눈썹, 아이라인, 입술 등), 속눈썹 연장 및 메이크업이 되어 있지 않은 상태이어야 합니다.

나. 스파출라, 속눈썹 가위, 족집게, 눈썹칼 등의 도구류를 사용 전 소독제로 소독해야 합니다.

다. 메이크업 베이스, 파운데이션을 펴 바를 때 스펀지 퍼프 또는 브러시를 사용하시오.

라. 아이섀도, 치크, 립 등의 표현 시 브러시 등 적합한 도구를 사용하시오.

마. 화장품은 요구사항에 지정된 제형 외에는 타입에 상관없이 자유롭게 사용하시오.

자격종목	미용사(메이크업)	과제명	시대 메이크업 (트위기)	척도	NS

4) 펑크

■ 요구사항

※ 지참재료 및 도구를 사용하여 아래의 요구사항에 따라 시대 메이크업(펑크)을 시험시간 내에 완성하시오.

가. 과제를 수행하기 전 수험자의 손 및 도구류를 소독한 후 제시된 도면을 참고하여 시대 메이크업(펑크) 스타일을 연출하시오.

나. 모델의 피부톤에 적합한 메이크업 베이스를 선택하여 얇고 고르게 펴 바르시오.

다. 베이스 메이크업은 크림 파운데이션을 사용하여 창백하게 피부 표현하시오.

라. 피부의 결점 등을 커버하기 위하여 컨실러 등을 사용할 수 있으며 파우더를 이용하여 매트하게 표현하시오.

마. 눈썹은 도면과 같이 눈썹의 결을 강조하여 짙고 강하게 그리시오.

바. 아이섀도의 표현은 화이트, 베이지, 그레이, 블랙 등의 컬러를 이용하여 아이홀을 강하게 표현하시오.

사. 아이홀은 눈꼬리에서 앞머리 쪽으로 그리고 아이홀의 눈꼬리 1/3 부분을 검정색 아이섀도나 아이라이너를 이용하여 채우고 도면과 같이 그라데이션하시오.

아. 아이라인은 검정색을 이용하여 3개의 라인을 아이홀 라인의 바깥쪽으로 과장되게 그려 도면과 같이 표현하시오.

자. 언더라인은 위쪽 라인까지 연결하여 강하게 표현하시오.

차. 속눈썹은 뷰러를 이용하여 자연 속눈썹을 컬링한 후 마스카라를 바르고, 모델의 눈에 맞게 인조 속눈썹을 붙이시오.

카. 치크는 레드브라운색으로 얼굴 앞쪽을 향하여 사선으로 선을 그리듯 강하게 바르시오.

타. 립은 검붉은 색을 이용하여 펴 바르고 입술라인을 선명하게 표현하시오.

■ **수험자 유의사항**

가. 모델은 문신(눈썹, 아이라인, 입술 등), 속눈썹 연장 및 메이크업이 되어 있지 않은 상태이어야 합니다.

나. 스파출라, 속눈썹 가위, 족집게, 눈썹칼 등의 도구류를 사용 전 소독제로 소독해야 합니다.

다. 메이크업 베이스, 파운데이션을 펴 바를 때 스펀지 퍼프 또는 브러시를 사용하시오.

라. 아이섀도, 치크, 립 등의 표현 시 브러시 등 적합한 도구를 사용하시오.

마. 화장품은 요구사항에 지정된 제형 외에는 타입에 상관없이 자유롭게 사용하시오.

자격종목	미용사(메이크업)	과제명	시대 메이크업 (펑크)	척도	NS

3. 3과제 : 캐릭터 메이크업

1) 레오파드

■ 요구사항

※ 지참재료 및 도구를 사용하여 아래의 요구사항에 따라 캐릭터 메이크업(레오파드)을 시험시간 내에 완성하시오.

가. 과제를 수행하기 전 수험자의 손 및 도구류를 소독한 후 제시된 도면을 참고하여 캐릭터 메이크업 (레오파드) 스타일을 연출하시오.

나. 모델의 피부톤에 맞는 메이크업 베이스를 바르시오.

다. 피부톤보다 밝은색 파운데이션을 이용하여 바른 후 파우더로 마무리하시오.

라. 옐로우, 오렌지, 브라운 색의 아쿠아 컬러나 아이섀도 등을 사용하여 도면과 같이 조화롭게 그라데이션을 하시오.

마. 아이홀 부위는 도면과 같이 흰색으로 뚜렷하게 표현하고, 검정색 아이라이너, 아쿠아 컬러 등으로 눈꺼풀 위와 눈밑 언더라인의 트임을 표현하시오.

바. 레오파드 무늬는 아쿠아 컬러나 아이라이너 등을 사용하여 선명하고 점진적으로 표현하시오.

사. 인조속눈썹을 사용하여 길고 날카로운 눈매를 표현하시오.

아. 도면과 같이 언더 라인은 아이라이너를 사용하여 그리거나 인조 속눈썹을 붙여 표현하시오.

자. 버건디 레드의 립컬러를 모델의 입술에 맞게 사용하되, 구각을 강조한 인커브 형태(구각)로 표현하시오.

가. 모델은 문신(눈썹, 아이라인, 입술 등), 속눈썹 연장 및 메이크업이 되어 있지 않은 상태이어야 합
　　니다.

나. 스파출라, 속눈썹 가위, 족집게, 눈썹칼 등의 도구류를 사용 전 소독제로 소독해야 합니다.

다. 메이크업 베이스, 파운데이션을 펴 바를 때 스펀지 퍼프 또는 브러시를 사용하시오.

라. 아이섀도, 치크, 립 등의 표현 시 브러시 등 적합한 도구를 사용하시오.

마. 화장품은 요구사항에 지정된 제형 외에는 타입에 상관없이 자유롭게 사용하시오.

자격종목	미용사(메이크업)	과제명	시대 메이크업 (레오파드)	척도	NS

2) 한국무용

■ 요구사항

※ 지참재료 및 도구를 사용하여 아래의 요구사항에 따라 캐릭터 메이크업(한국무용)을 시험시간 내에 완성하시오.

가. 과제를 수행하기 전 수험자의 손 및 도구류를 소독한 후 제시된 도면을 참고하여 캐릭터 메이크업 (한국무용) 스타일을 연출하시오.

나. 모델의 피부톤에 적합한 메이크업 베이스를 선택하여 얇고 고르게 펴 바르시오.

다. 모델의 피부톤에 맞춰 결점을 커버하고 파운데이션으로 깨끗하게 피부표현하시오.

라. 섀딩과 하이라이트로 윤곽 수정 후 핑크 파우더로 매트하게 마무리하시오.

마. 눈썹은 브라운 색으로 시작하여 검정색으로 자연스럽게 연결되도록 표현하며, 모델의 얼굴형을 고려하여 도면과 같이 부드러운 곡선의 동양적인 눈썹으로 표현하시오.

바. 눈썹 뼈에 흰색으로 하이라이트를 주어 입체감 있는 눈매를 연출하시오.

사. 연분홍색 아이섀도를 이용하여 눈두덩을 그라데이션 하시오.

아. 눈꼬리 부분과 언더라인을 마젠타컬러로 포인트를 주고 도면과 같이 상승형으로 표현하시오.

자. 아이라인은 검정색 아이라이너를 사용하여 도면과 같이 그리고 언더라인은 펜슬 또는 아이섀도로 마무리하시오.

차. 뷰러를 이용하여 자연 속눈썹을 컬링하시오.

카. 마스카라 후 검정색의 짙은 인조 속눈썹을 사용하여 끝부분이 처지지 않도록 상승형으로 붙이시오.

타. 치크는 핑크색으로 광대뼈를 감싸듯 화사하게 표현하시오.

파. 레드컬러의 립라이너를 이용하여 립 안쪽으로 그라데이션하고 핑크가 가미된 레드색의 립컬러로 블렌딩하시오.

하. 블랙펜슬 또는 블랙아이라이너를 이용하여 귀밑머리를 자연스럽게 그리시오.

가. 모델은 문신(눈썹, 아이라인, 입술 등), 속눈썹 연장 및 메이크업이 되어 있지 않은 상태이어야 합
　　니다.

나. 스파출라, 속눈썹 가위, 족집게, 눈썹칼 등의 도구류를 사용 전 소독제로 소독해야 합니다.

다. 메이크업 베이스. 파운데이션을 펴 바를 때 스펀지 피프 또는 브러시를 사용하시오.

라. 아이섀도, 치크, 립 등의 표현 시 브러시 등 적합한 도구를 사용하시오.

마. 화장품은 요구사항에 지정된 제형 외에는 타입에 상관없이 자유롭게 사용하시오.

자격종목	미용사(메이크업)	과제명	캐릭터 메이크업 (한국무용)	척도	NS

3) 발레

■ 요구사항

※ 지참재료 및 도구를 사용하여 아래의 요구사항에 따라 캐릭터 메이크업(발레)을 시험시간 내에 완성하시오.

가. 과제를 수행하기 전 수험자의 손 및 도구류를 소독한 후 제시된 도면을 참고하여 캐릭터 메이크업(발레) 스타일을 연출하시오.

나. 모델의 피부톤에 적합한 메이크업 베이스를 선택하여 얇고 고르게 펴 바르시오.

다. 모델의 피부톤에 맞춰 결점을 커버하고 파운데이션으로 깨끗하게 피부표현하시오.

라. 섀딩과 하이라이트로 윤곽 수정 후 핑크 파우더로 매트하게 마무리하시오.

마. 눈썹은 다크 브라운색으로 시작하여 블랙으로 자연스럽게 연결되도록 표현하며, 모델의 얼굴형을 고려하여 갈매기 형태로 그리시오.

바. 눈썹 뼈에 흰색으로 하이라이트를 주어 입체감있는 눈매를 연출하시오.

사. 아이홀은 핑크와 퍼플컬러를 이용하여 그라데이션하고 홀의 안쪽은 흰색으로 채워 표현하시오.

아. 속눈썹 라인을 따라서 아쿠아 블루색으로 포인트를 주고 언더라인도 같은 색으로 눈과 일정한 간격을 두고 그린 후 흰색을 넣어 눈이 커 보이도록 표현하시오.

자. 검정색 아이라이너를 사용하여 도면과 같이 아이라인과 언더라인을 길게 그리시오.

차. 뷰러를 이용하여 자연 속눈썹을 컬링하시오.

카. 마스카라 후 검정색의 짙은 인조 속눈썹을 사용하여 끝부분이 처지지 않도록 상승형으로 붙이시오.

타. 치크는 핑크색으로 광대뼈를 감싸듯 화사하게 표현하시오.

파. 로즈컬러의 립라이너를 이용하여 립 안쪽으로 그라데이션하고 핑크색 립컬러로 블렌딩하시오.

가. 모델은 문신(눈썹, 아이라인, 입술 등), 속눈썹 연장 및 메이크업이 되어 있지 않은 상태이어야 합니다.

나. 스파출라, 속눈썹 가위, 족집게, 눈썹칼 등의 도구류를 사용 전 소독제로 소독해야 합니다.

다. 메이크업 베이스, 파운데이션을 펴 바를 때 스펀지 퍼프 또는 브러시를 사용하시오.

라. 아이섀도, 치크, 립 등의 표현 시 브러시 등 적합한 도구를 사용하시오.

마. 화장품은 요구사항에 지정된 제형 외에는 타입에 상관없이 자유롭게 사용하시오.

자격종목	미용사(메이크업)	과제명	캐릭터 메이크업 (발레)	척도	NS

4) 노역

■ 요구사항

※ 지참재료 및 도구를 사용하여 아래의 요구사항에 따라 캐릭터 메이크업(노역)을 시험시간 내에 완성하시오.

가. 과제를 수행하기 전 수험자의 손 및 도구류를 소독한 후 제시된 도면을 참고하여 캐릭터 메이크업(노역) 스타일을 연출하시오.

나. 모델의 피부 타입에 맞는 메이크업베이스를 바르시오.

다. 파운데이션을 가볍게 바르고 모델 피부 톤보다 한 톤 어둡게 피부 표현하시오.

라. 섀딩 컬러로 얼굴의 굴곡부분을 자연스럽게 표현하시오.

마. 하이라이트 컬러를 이용하여 돌출부분을 도면과 같이 표현하시오.

바. 갈색 펜슬을 이용하여 얼굴의 주름을 표현하고 파우더로 가볍게 마무리 하시오.

사. 눈썹은 강하지 않게 회갈색을 이용하여 표현하시오.

아. 립 컬러는 내츄럴 베이지를 이용하여 아랫입술이 윗입술보다 두껍지 않게 표현하시오.

가. 모델은 문신(눈썹, 아이라인, 입술 등), 속눈썹 연장 및 메이크업이 되어 있지 않은 상태이어야 합니다.

나. 스파출라, 속눈썹 가위, 족집게, 눈썹칼 등의 도구류를 사용 전 소독제로 소독해야 합니다.

다. 메이크업 베이스, 파운데이션을 펴 바를 때 스펀지 퍼프 또는 브러시를 사용하시오.

라. 아이섀도, 치크, 립 등의 표현 시 브러시 등 적합한 도구를 사용하시오.

마. 화장품은 요구사항에 지정된 제형 외에는 타입에 상관없이 자유롭게 사용하시오.

자격종목	미용사(메이크업)	과제명	캐릭터 메이크업 (노역)	척도	NS

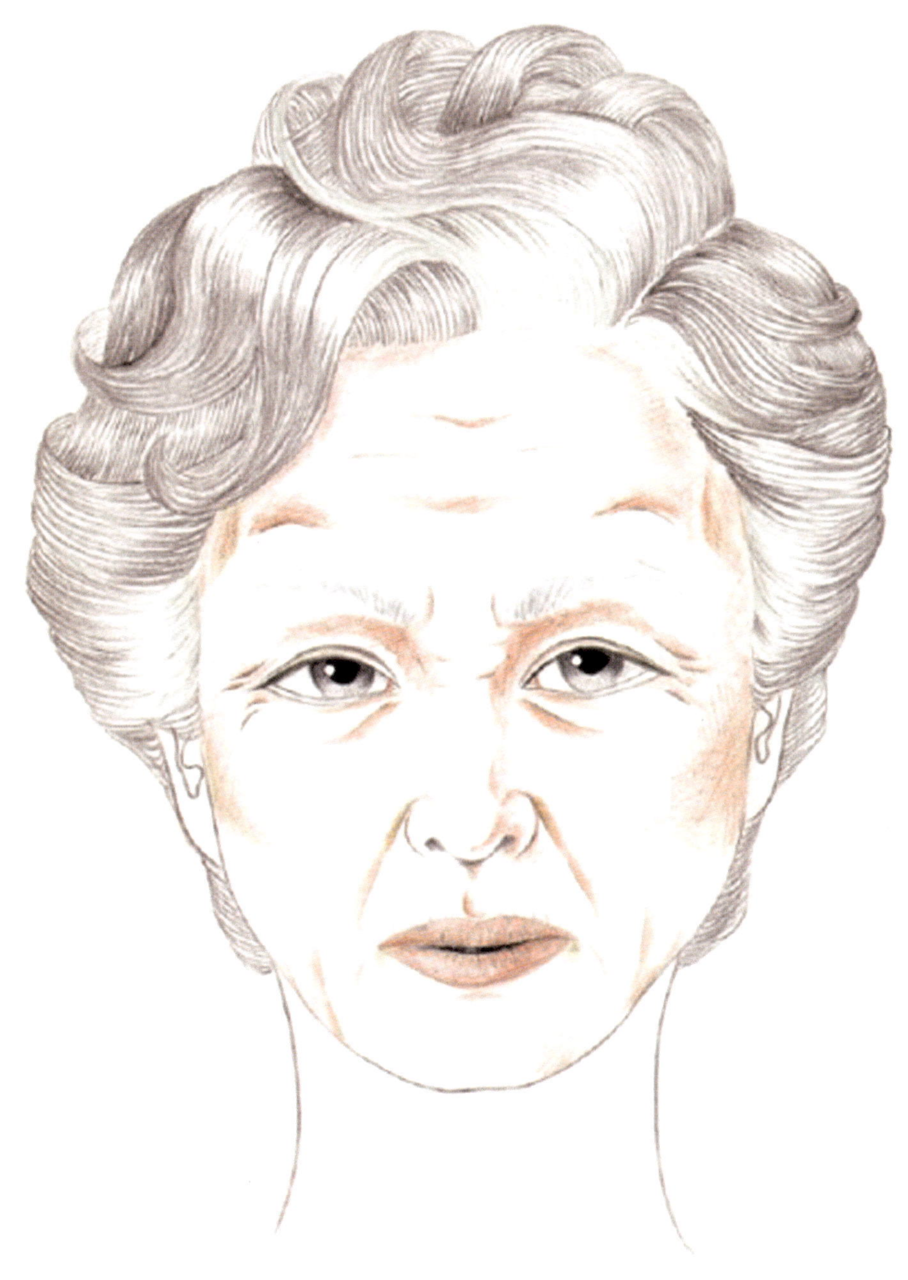

4. 4과제: 속눈썹 익스텐션 및 수염(25분)

1) 왼쪽

■ 요구사항

가. 5~6mm의 인조 속눈썹이 부착된 마네킹을 준비하시오.

나. 과제를 수행하기 전 수험자의 손 및 도구류와 마네킹의 작업부위를 소독한 후 적절한 위치에 아이 패치를 부착하시오.

다. 일회용 도구를 사용하여 전 처리제를 균일하게 도포하시오.

라. 연장하는 속눈썹은 J컬 타입으로 길이 8, 9, 10, 11, 12mm, 두께 0.15~0.2mm의 싱글모를 사용하시오.

마. 제시된 도면과 같이 전체적으로 중앙이 길어 보이는 라운드형(부채꼴 디자인)의 속눈썹 익스텐션 (왼쪽)을 완성하시오.

바. 마네킹에 부착된 속눈썹 한 개당 하나의 속눈썹(J컬)만 연장하시오.

사. 5가지 길이(8, 9, 10, 11, 12mm)의 속눈썹(J컬)을 모두 사용하여 자연스러운 디자인이 되도록 완성하 시오.

아. 모근에서 1mm~1.5mm를 반드시 떨어뜨려 부착하시오.

자. 왼쪽 인조 속눈썹에 최소 40가닥 이상의 속눈썹(J컬)을 연장하시오(단, 눈 앞머리 부분의 속눈썹 2~3가닥은 연장하지 마시오).

2) 오른쪽

■ 요구사항

가. 5~6mm의 인조 속눈썹이 부착된 마네킹을 준비하시오.

나. 과제를 수행하기 전 수험자의 손 및 도구류와 마네킹의 작업부위를 소독한 후 적절한 위치에 아이 패치를 부착하시오.

다. 일회용 도구를 사용하여 전 처리제를 균일하게 도포하시오.

라. 연장하는 속눈썹은 J컬 타입으로 길이 8, 9, 10, 11, 12mm, 두께 0.15~0.2mm의 싱글모를 사용하시오.

마. 제시된 도면과 같이 전체적으로 중앙이 길어 보이는 라운드형(부채꼴 디자인)의 속눈썹 익스텐션 (오른쪽)을 완성하시오.

바. 마네킹에 부착된 속눈썹 한 개당 하나의 속눈썹(J컬)만 연장하시오.

사. 5가지 길이(8, 9, 10, 11, 12mm)의 속눈썹(J컬)을 모두 사용하여 자연스러운 디자인이 되도록 완성 하시오.

아. 모근에서 1mm~1.5mm를 반드시 떨어뜨려 부착하시오.

자. 오른쪽 인조 속눈썹에 최소 40가닥 이상의 속눈썹(J컬)을 연장하시오(단, 눈 앞머리 부분의 속눈썹 2~3가닥은 연장하지 마시오).

■ 수험자 유의사항

가. 마네킹은 속눈썹 연장이 되어있지 않은 인조 속눈썹만 부착되어 있는 상태이어야 합니다.

나. 핀셋 등의 도구류를 사용 전 소독제로 소독해야 합니다.

다. 전 처리제가 눈에 들어가지 않도록 나무 스파츌라를 속눈썹 아래에 받쳐서 작업하시오.

라. 속눈썹 연장용 아이패치 이외의 테이프류 및 인증되지 않는 글루는 사용할 수 없습니다.

마. 마네킹의 왼쪽 인조 속눈썹에만 작업하시오.

바. 작업 시 연장하는 속눈썹(J컬)을 신체부위(손등, 이마 등)에 올려놓고 사용할 수 없습니다.

■ **패턴**

자격종목	미용사(메이크업)	과제명	손눈썹 익스텐션 (왼쪽)	척도	NS

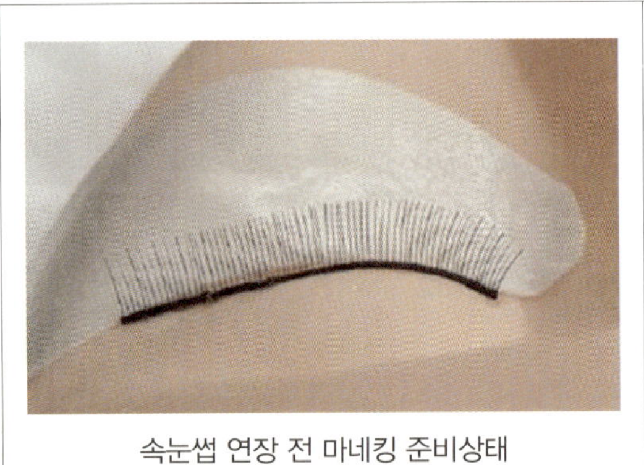

속눈썹 연장 전 마네킹 준비상태

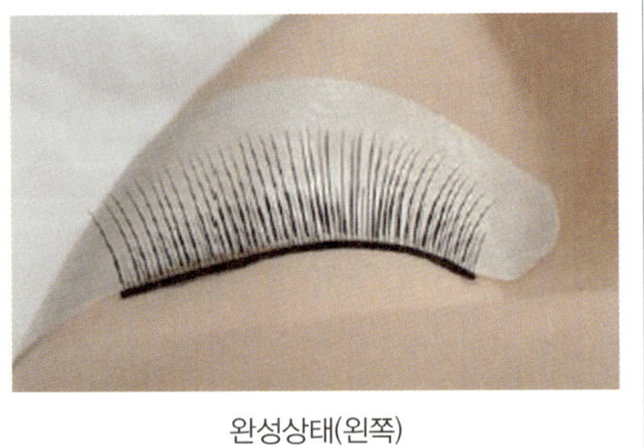

완성상태(왼쪽)

자격종목	미용사(메이크업)	과제명	손눈썹 익스텐션 (오른쪽)	척도	NS

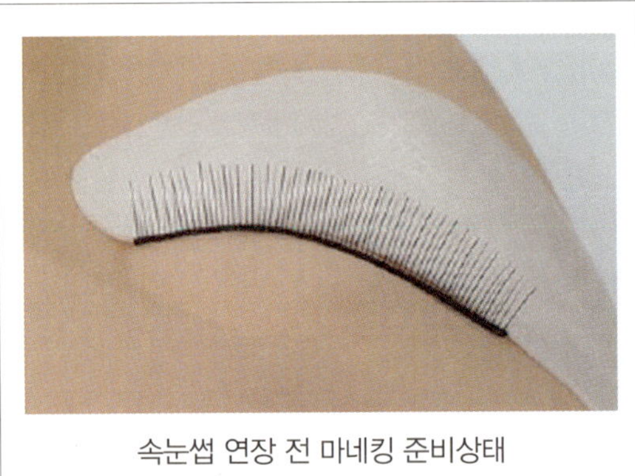

속눈썹 연장 전 마네킹 준비상태

완성상태(오른쪽)

마네킹, J컬(8,9,10,11,12m/두께 0.15〜0.2mm의 싱글모), 속눈썹 접착제(글루), 전 처리제, 글루리무버, 아이패치, 송풍기, 옥돌, 마이크로 브러쉬, 속눈썹빗, 눈썹가위, 핀셋 2종, 우드스파츌라, 5〜6mm 마네킹 부착 속눈썹, 투명판, 도구 · 피부소독제, 속눈썹 고정테이프, 위생테이프, 재생크리너, 면봉, 거즈, 터번, 드라이기, 마스크

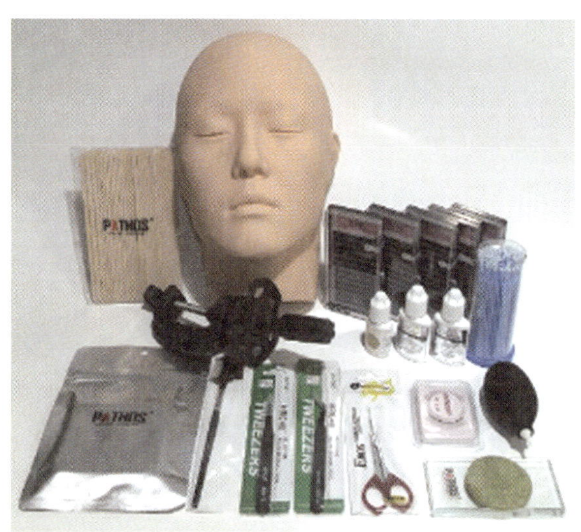

■ 시술방법 및 순서

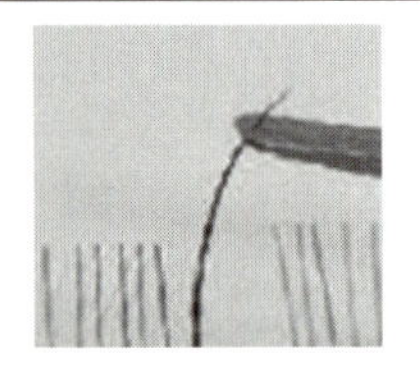

컬의 종류는 J컬, 두께는 0.15~0.2mm의 싱글모를 사용한다.
가속눈썹은 모근에서 1mm~1.5mm를 반드시 떨어뜨려 부착한다.

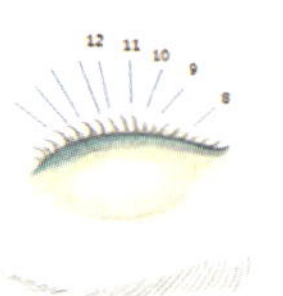

속눈썹은 앞머리 부분 2~3가닥은 연장하지 않고, 5가지 길이(8~12 mm) 모두를 사용해 부채꼴 모양으로 형태를 잡는다.

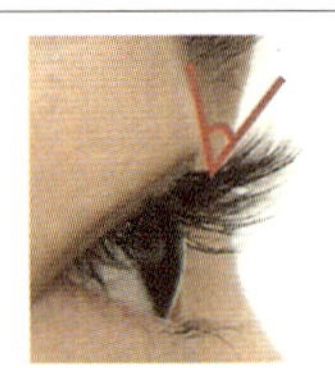

J컬의 형태와 각도
일반적으로 가장 많이 사용하는 형태.
본래의 속눈썹의 길이와 굵기를 늘려 자연스러운 컬을 연출하고자 할 때 쓰인다.

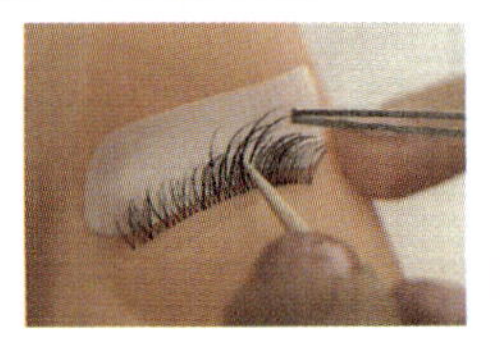

일회용 속눈썹을 붙인 후 가장 긴 속눈썹만 분리하여
원사에 정확하게 착지 연습한다.
J컬의 인조 속눈썹은 한쪽 눈썹에 최소 40가닥 이상을 연장한다.

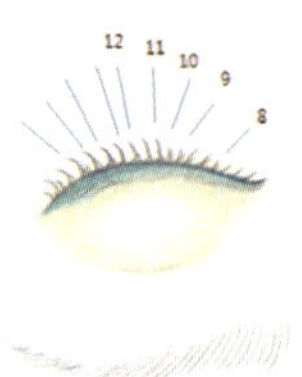
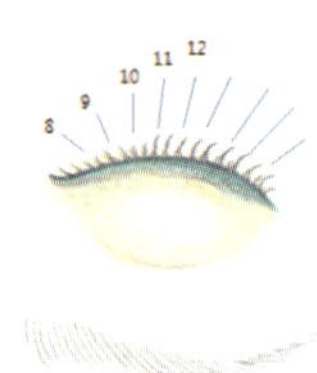

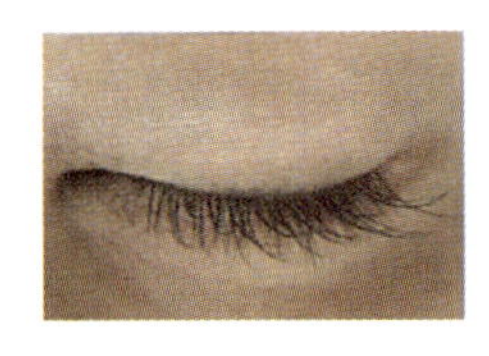

40개 연장

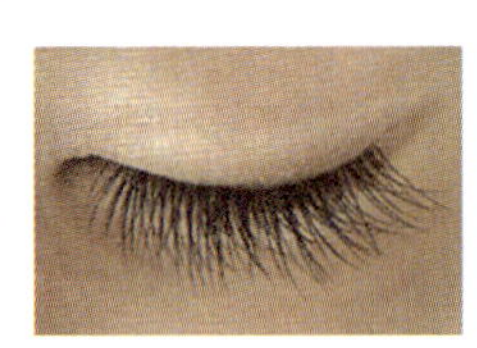

80개 연장

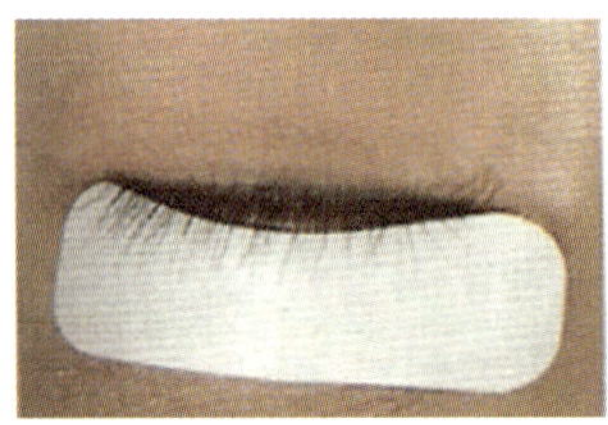

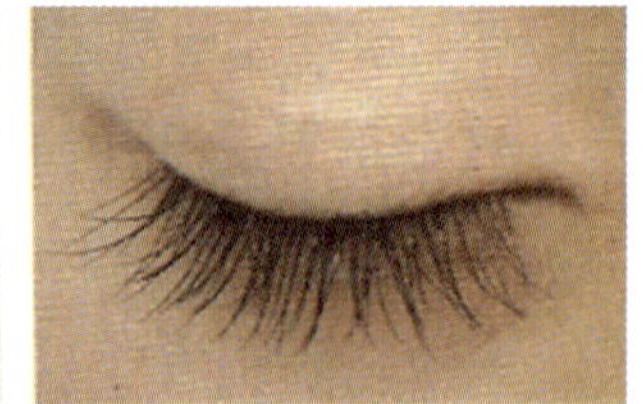

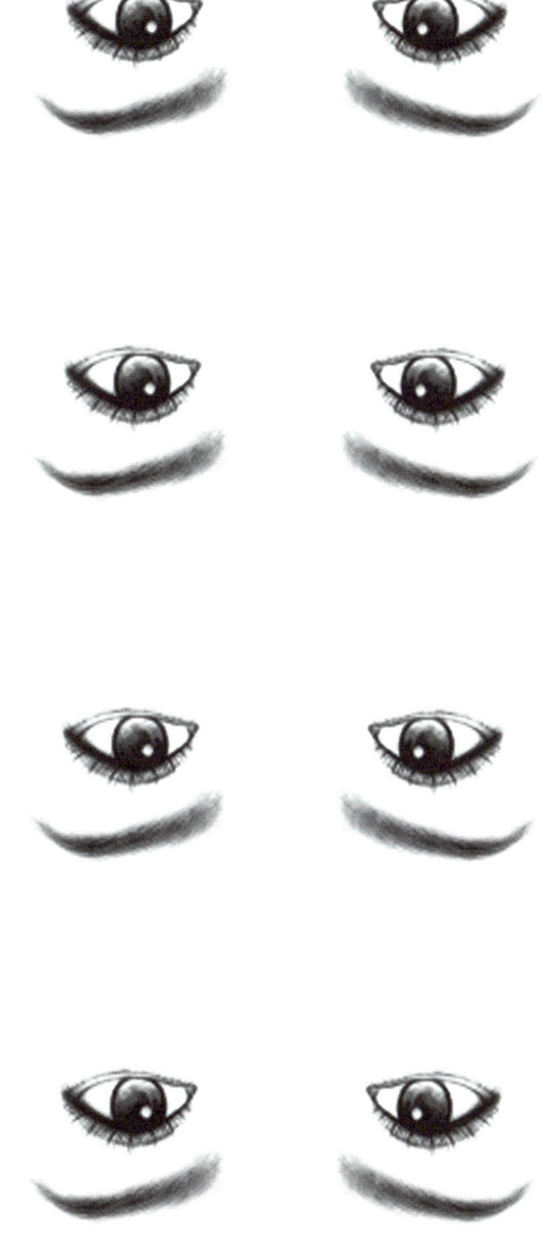

■ 속눈썹 익스텐션 연습(인조속눈썹을 붙인 후 연장실습)

3) 미디어 수염

■ **요구사항**

※ 지참재료 및 도구를 사용하여 아래의 요구사항에 따라 미디어 수염을 시험시간 내에 완성하시오.

가. 제시된 도면을 참고하여 현대적인 남성스타일을 연출하시오.

(단, 완성된 수염의 길이는 마네킹의 턱 밑 1~2cm 정도로 작업한다.)

나. 과제를 수행하기 전 수험자의 손 및 도구류와 마네킹의 작업부의를 소독하시오.

다. 수염 접착제(스프리트 검)를 균일하게 도포하여 마네킹의 작업부위를 소독하시오.

라. 수염의 양과 길이 및 형태는 도면과 같이 콧수염과 턱수염을 모두 완성하시오.

마. 빗과 핀셋으로 붙인 수염을 다듬은 후 고정 스프레이와 라텍스 등을 이용하여 스타일링 하시오.

■ **수험자 유의사항**

가. 마네킹에는 지정된 재료 및 도구 이외에는 사용할 수 없습니다.

나. 수염은 사전에 가공된 상태(1.5~2cm)로 준비해야 합니다.

다. 핀셋, 가위 등의 도구류를 사용 전 소독제로 소독해야 합니다.

자격종목	미용사(메이크업)	과제명	미디어 수염	척도	NS

 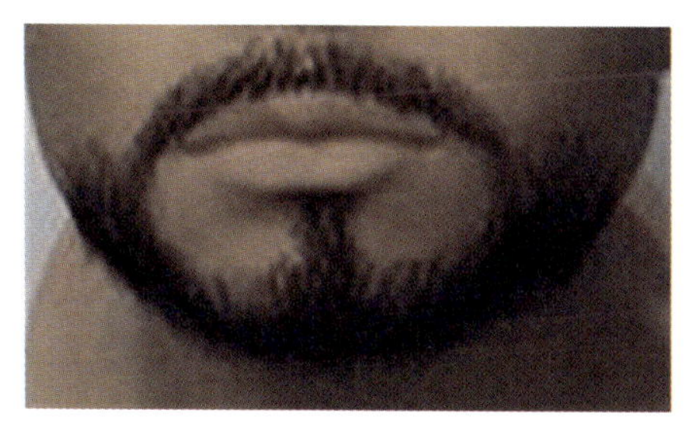

완성상태

■ 준비물

마네킹, 도구 · 피부 소독제, 가공된 수염 (생사 1.5~2cm), 수염가위, 꼬리빗, 핀셋, 수염접착제(스프리트검), 접착제 리무버, 고정 스프레이, 라텍스, 위생통

■ 수염 붙이는 방법 및 작업순서

수염의 기본이며 가장 중요하므로 충분히 연습이 되어야 함은 물론 완벽한 기술 습득이 요구된다.

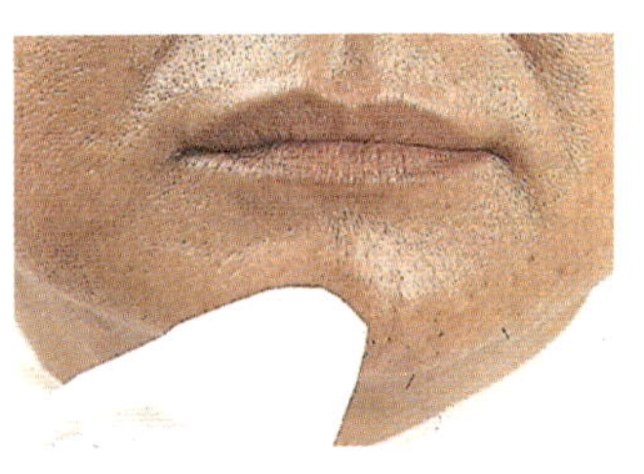

- 얼굴을 정돈한 후 가제수건이나 티슈를 사용하여 수염 붙일 부분을 깨끗하게 닦아내준다.
- 필요한 수염을 재단하여 가져간다.

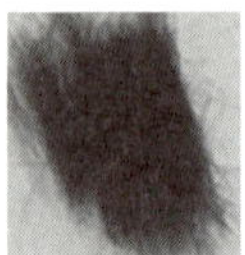

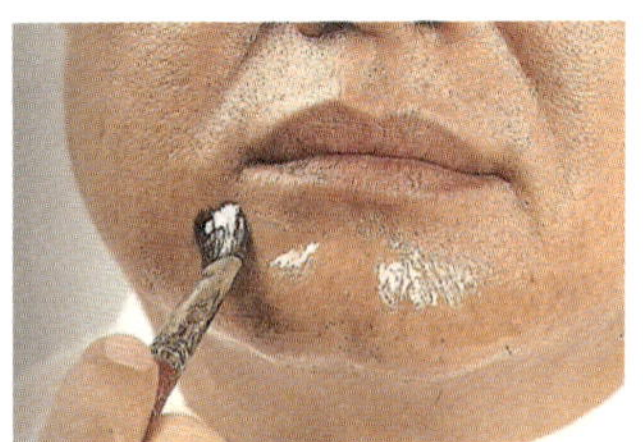

- 수염을 붙이고자 하는 부위에 수염 접착제(스프리트 검)을 고루 바른다.
- 수염 접착제가 칠해질 부위는 얼굴 균형과 성격에 맞게 골고루 칠해져야 한다.

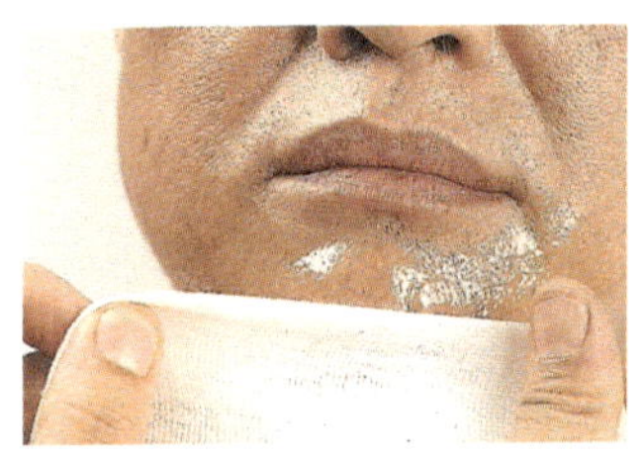

- 물 묻은 가제수건을 사용하여 한 번 눌러준다(번질거림 방지, 굳는 속도 조절).

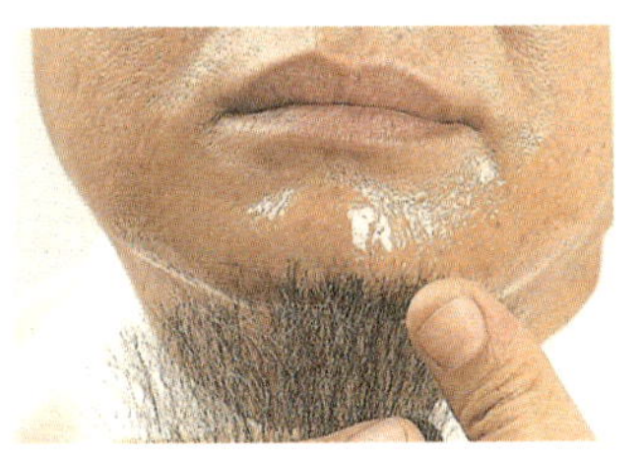

- 스프리트 검이 적당히 건조된 다음 수염을 밑 부분부터 순서대로 붙여 올라간다.
- 수염을 붙일 때 붙이는 방법을 잘 맞추어야 한다.

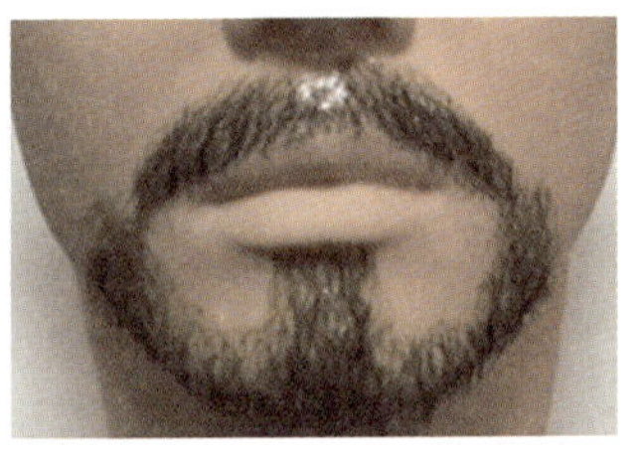

- 수염을 다 붙인 다음가제 수건으로 적당히 수염부위를 눌러준다.
- 수염 모양이 흐트러진 부분과 수염방향, 수염양이 고르지 못한 부분 등은 살며시 빗질을 하여 접착제가 완전히 굳기 전에 모양을 만들어 간다.
- 핀셋을 이용, 수염의 양이 많은 곳과 높은 곳의 수염을 골라 솎아내 주며, 양쪽 수염의 균형을 맞추어야 한다.
- 다시 한 번 빗질을 하면서 수염모양을 잡는다.

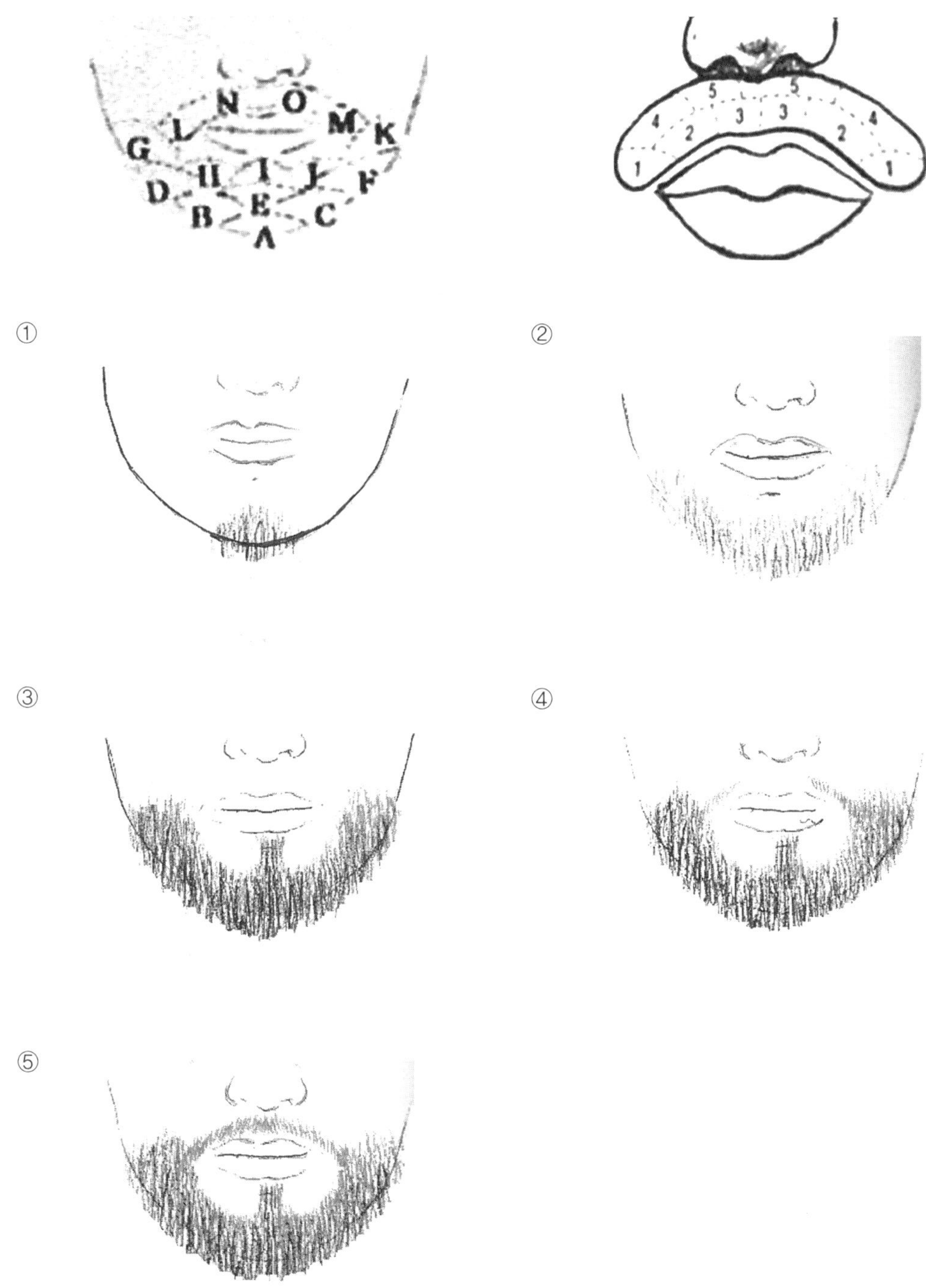

■ 수염 붙이기 연습

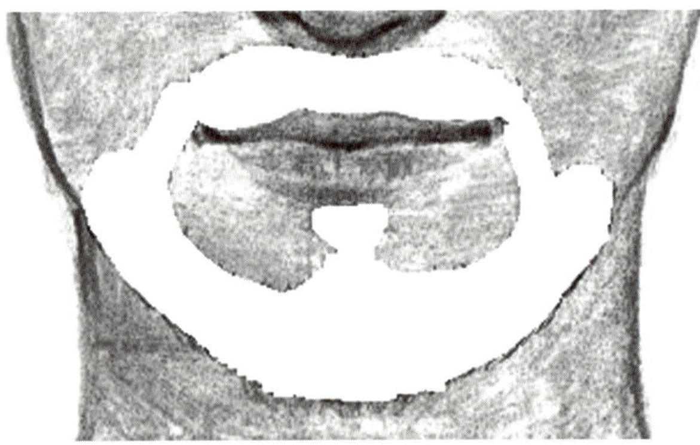

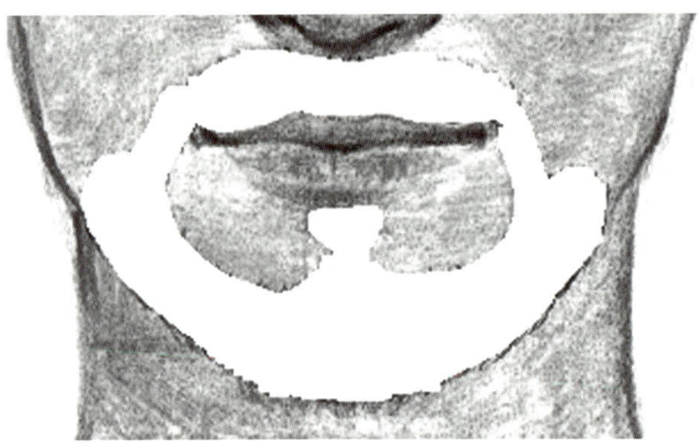

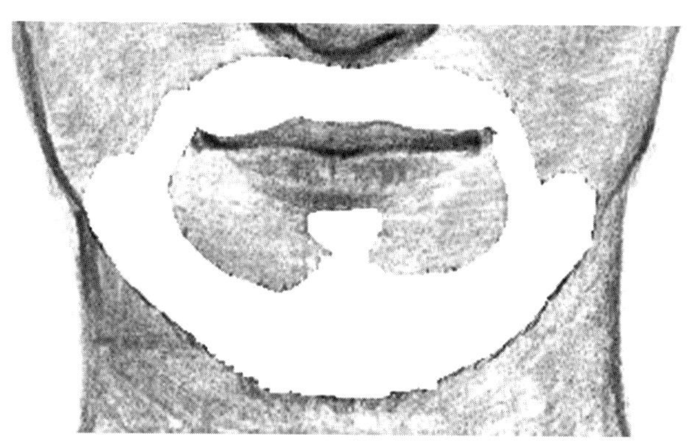

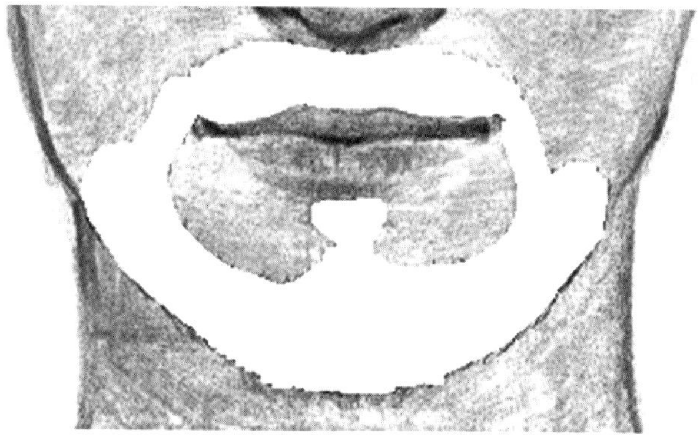

■ 참고문헌

김도미, 최정순, 최은미, 황선희, 「Illustration to Illustration」, 한맥출판사, 2013.
유대혁, 윤천성, 「드로잉기법과 재료를 활용한 뷰티일러스트레이션 제작 연구」, 한국미용학회지, 2013.
강정희 외 27명, 「최신 해부생리학」, 정문각, 2006.
한국산업인력관리공단 http://www.q-net
장미희 외 4명, 「속눈썹 디자인」, 청구문화사, 2014.
강대영, 「한국분장예술」, 한국분장프로덕션, 2013.
http://www.makeupmagic.co.kr

최신 메이크업&
헤어 일러스트레이션

발 행 일 2017년 1월 10일 초판 1쇄 발행
2018년 1월 10일 초판 2쇄 발행

저   자 조여진

발 행 처  크라운출판사
http://www.crownbook.com

발 행 인 이상원
신고번호 제 300-2007-143호
주   소 서울시 종로구 율곡로13길 21
대표전화 02)745-0311~3
팩   스 02)765-3232
홈페이지 www.crownbook.com
I S B N 978-89-406-2610-8 / 13590

특별판매정가 25,000원